Cómo Disminuir la Facturación de la Potencia Eléctrica

MÉTODO INÉDITO DE AHORRO PARA LA INDUSTRIA

JOSÉ RAMÓN VILTE GRANDE

Vilte Grande, José Ramón
Cómo disminuir la facturación de la potencia eléctrica : en la industria con demanda mayor a 10 kW / José Ramón Vilte Grande. - 1a edición especial - San Miguel de Tucumán : José Ramón Vilte Grande, 2018.
170 p. ; 22 x 15 cm.

ISBN 978-987-42-7482-3

1. Energía Eléctrica. I. Título.
CDD 621.3

ISBN 978-987-42-7482-3

9 789874 274823

PREFACIO

En el mundo empresarial la palabra de mayor exponente quizás sea la palabra "oportunidad", la cual es buscada por muchos motivos, por ejemplo, por los emprendedores para hacer nuevos negocios, por las personas empleadas en las empresas con el objeto de escalar mayores posiciones; pero las oportunidades que están por encima de todas las anteriores son las que se ocultan en las mismas organizaciones, en sus procesos de gestión administrativa y/o productiva y son, las **"oportunidades de eficiencia"**. Y es más, se considera que, sin la detección, sin el relevamiento, sin el análisis, sin el control y sin el aprovechamiento de estas **"oportunidades de eficiencia"**, no habrá mejores posiciones de las empresas ni mejores negocios.

Las organizaciones empresariales, con seguridad, trabajan naturalmente para una mayor eficiencia y lo hacen de manera permanente, pero ninguna empresa puede saber en qué punto está parada en relación a la eficiencia si no se fijan objetivos, al menos, de detección de estas **"oportunidades de eficiencia"**.

Entre estas oportunidades están las que llamo **"oportunidades de alta eficiencia"**, que son aquellas algo fácil de detectar pero algo más difícil de aprovechar, y que son las concretamente llevan a la **"disminución directa de la facturación de los servicios"** que forman parte de los insumos para la producción. Es decir, oportunidades que resulten en menores costos de producción, y que seguramente llevan a más bajos precios de productos y servicios, y por lo tanto a mayor rentabilidad y competitividad.

Bastante se trabaja en la búsqueda de **"oportunidades de eficiencia"** dentro de los procesos productivos, y son muchas las oportunidades que se aprovechan y que dan muy buenos resultados, pero a decir verdad, hasta ahora ¿se han tratado en profundidad las referidas al control de los parámetros de la energía eléctrica insumida en la producción, en particular la "potencia eléctrica"?

Y si existe esta oportunidad ¿será factible desarrollar un **nuevo método** que sea **práctico y estructurado** que resulte útil para lograr resultados inmediatos en la **disminución de la facturación de la potencia eléctrica?**

En concreto, en este trabajo se desarrolla un método, fruto de largas investigaciones, y es más, se sugiere aplicar sus resultados comenzando por talleres y otras demandas con motores eléctricos, en general a toda demanda eléctrica mayor a 10 kW. Excluiría las pequeñas demandas (menores o iguales a 10 kW) salvo que se les permita medir y registrar la potencia eléctrica como en las medianas y grandes demandas.

Por otra parte, interesa -y mucho- evaluar los beneficios económicos que obtendrían los Usuarios como respuesta de la disminución en la facturación de la potencia eléctrica por la aplicación de este método.

Al tratarse de una propuesta orientada a la Industria -en general- el énfasis se carga sobre la exigencia de una actitud responsable de la Gerencia de

Producción ante el control de los gastos en insumos para los procesos productivos (como lo es la potencia eléctrica), en cuanto debe estar permanentemente detectando las **"oportunidades de alta eficiencia"** y aprovechándolas al máximo con el objeto de que los gastos en esos insumos sean mínimos y/u óptimos.

Sería bien visto que todas las **"oportunidades de alta eficiencia"** puedan ser aprovechadas, salvo aquellas que se justifiquen con los impedimentos propios de los procesos productivos.

Las "auditorías energéticas" principalmente las relacionadas con las energías térmicas desarrolladas en los procesos productivos y en los servicios fabriles, son el complemento por excelencia para lograr mayores disminuciones en la facturación de los insumos.

Lo que debe quedar claro es que el método que aquí se desarrolla:

- No trata del coseno fi.
- No trata del factor de potencia.
- No trata del uso racional de la energía eléctrica.
- No trata de la quita o disminución de la carga eléctrica.
- No trata de la disminución de tiempo de uso de la carga.
- No trata del uso de ningún sistema o mecanismo o método ilegal. Todo lo que se aplica está resguardado en el marco legal y técnico que regula todo mercado eléctrico.

Y lo que sí es, es un método inteligente e ingenieril, inédito y cuya aplicación puede no tener fronteras. Es un método con valioso valor agregado a los servicios y soluciones que las empresas nacionales e internacionales de consultoría y asesoramiento prestan a la industria en general.

Por último y como Autor, soy el único responsable de todo lo aquí escrito y graficado habiendo dejado asentado las fuentes de donde se obtuvo información conceptual adicional o traslado de algún texto relacionado. Pero lo relevante de esta investigación son los resultados que -sin interesar en qué País se haya efectuado la misma-, se pueden aplicar a toda la industria de habla hispana; por lo tanto, aunque el desarrollo provenga de las experiencias en Argentina, toda la industria hispana tiene los mismos procedimientos para registrar y/o medir la potencia eléctrica. Los conceptos son los mismos, lo que permite acercarnos para aprovechar los resultados.

RECONOCIMIENTO

Tal como hacen muchos Ingenieros creí haber planificado todo, el corto y el largo plazo de mi vida. Pero nada de eso me sucedió. Solamente me ocurrieron nuevas cosas. Y de estas nuevas cosas hay muy pocas que me conmovieron hasta el alma. Y así, llegaron a mi vida como un regalo de Dios, muchas ganas de vivir. Ansias por amar. Orgullo por mis hijos. Júbilo por mi esposa. Aspiraciones por el futuro. Gusto por pensar. Alegría por cada día. Agrado por mis faenas. Calma en la espera. Confianza en lo supremo. Y seguridad en que todo lo que haga será para mi bien y para todos los que me rodean. Me siento bendecido y satisfecho de haber recibido este brillante halo de energía que me impulsó también a prolongar el día para gozar de lo bueno, amanecer feliz, regocijarme de una sonrisa, y deleitar de la belleza. A sentir la presencia permanente de mi compañera de vida y disfrutar de una comida. A recuperar valiosos proyectos inconclusos, siendo éste mi primer libro una prueba de estos inesperados cambios. Pues, nada de esto habría sido posible sin la compañía de mi esposa la Sra. Juana S. Adet.

José Ramón Vilte Grande.

INDICE

PROLOGO

El trabajo que se presenta muestra los resultados de una investigación que pone en juego la fiabilidad e innovación de los procesos que se desarrollan en la "cadena comercial" de los servicios públicos de electricidad. En este caso y en particular sobre los procesos de medición y/o registración de la potencia eléctrica. Tema que para la mayoría de los Usuarios el tema -se consideraba- resuelto.

Lo conveniente hubiera sido que este tema ya hubiese sido encarado por el Regulador y/o la Secretaría de Energía de la Nación, desde los inicios de la Transformación del Sector Eléctrico en Argentina (finales de los 80' y principio de los 90'). Por lo que en este tema, los Usuarios -si bien- confían en el Regulador, no se sintieron del todo protegidos en cuanto la información sobre los medidores electrónicos fue muy escasa; y por el lado de la Secretaría de Energía de la Nación, aparentemente no vio este problema -quizás- por estar atareada en resolver problemas mayores relacionados con las nuevas tecnologías de redes, con los fabricantes, con los reguladores, con la distribución, con el transporte y con la generación.

En el ambiente y a diario, se observa que hay bombardeo de información superflua que detiene y perturba a los Usuarios (principalmente a los que demandan más de 10 kW), no dándoles pausa para detenerse a pensar en cada uno de los elementos que se instalan o utilizan a diario para la medición y/o registración de variables o parámetros energéticos. Son los fabricantes de medidores y los técnicos de las distribuidoras los que normalmente conocen a fondo la especialidad.

La presentación del trabajo es simple tanto en el volumen de su escritura como en las representaciones gráficas, y concluye siendo el comienzo de un nuevo sistema de control de las máquinas eléctricas en la industria y otras demandas mayores a 10 kW.

El libro se compone de varios apartados cuya importancia se esboza a continuación:

"El problema y el inicio de la investigación" es la parte más atractiva dado que una vez vislumbrada la problemática, se le sumó la falta de información técnica, que indudablemente en su momento, podría haber despejado algunas dudas. Y a medida que se vivía el nuevo contexto de la Transformación del Sector Eléctrico en Argentina, el Autor expresa que -día a día- se encontraba con nuevos problemas que debían resolverse y solucionarse. Así también quedaron varias cuestiones que no se demostraron ni se resolvieron. Pero en lo que respecta a la potencia eléctrica, no conozco trabajo profesional alguno -de habla hispana- que se haya planteado la cuestión que aquí se desarrolla y ofrezca salidas exitosas para la industria y otras demandas mayores de 10 kW.

Los apartados sobre **"Estructura de la facturación y responsabilidad del Regulador"** y **"Los pasos más importantes en el proceso de facturación"**, delimitan -implícitamente- las responsabilidades de los Técnicos de las Distribuidoras y del Regulador, en cuanto son quienes deberían saber exactamente -uno a uno- los procesos de la cadena comercial de los servicios. Pero por lo que esgrime el Autor, las cosas no suceden de esa forma, no por descuido, no por negligencia, sí por subestimar los cambios. El regulador -normalmente- vive en stand by, esperando que la distribuidora piense en algo, plantee algo, y haga algo. El regulador -en la mayoría de los temas técnicos y comerciales- va muy detrás de la distribuidora.

"La responsabilidad gerencial sobre los servicios industriales", hace hincapié en las obligaciones de los gerentes de industrias en cuanto las decisiones que deben tomar no solo deben ser por las cuestiones correctivas diarias, sino también por los aspectos regulatorios de todos los servicios industriales que se demande. Y como muy importante, el Autor acentúa estar atento a la detección de las "oportunidades de alta eficiencia" y saber qué hacer con ellas.

Los tópicos sobre **"La registración de la potencia eléctrica para facturación"**, **"Los Medidores/Registradores"**, **"El método correcto para medir/registrar la potencia eléctrica"**, y **"Lo que debe explicitarse en los Marcos Regulatorios"**, son partes de un mismo tema. Y los primeros muestran las diversas alternativas con las cuales las distribuidoras abusan de su posición dominante de mercado; mientras que lo segundo, apunta a la falta del regulador en no aplicar las exigencias regulatorias y no dilucidar sobre el funcionamiento de las nuevas tecnologías así como por no apreciar toda información que se deriva de la misma; mucho menos por no difundir los posibles beneficios para los Usuarios.

Los capítulos sobre **"Un nuevo parámetro a considerar. El control H"**, **"Aprovechamiento de las oportunidades de eficiencia 1 – Las reglas de juego"**, **"El control vertical o tradicional de las curvas de cargas frente al Control H"**, **"Particularidades de los medidores electrónicos"**, y además el **"Aprovechamiento de las oportunidades de eficiencia 2"**, son capítulos que muestran el camino para obtener beneficios a partir de un nuevo control, pero siempre que antes se haya puesto en coherencia la cadena comercial. El Autor realiza consultas a las grandes empresas de productos y servicios como Siemens, Schneider, Circutor, Price Waterhouse, Electroingeniería -entre otras- y concluye que el método propuesto es inédito en el habla hispana y ayuda a resolver cuestiones de control sobre un parámetro que con seguridad pocas veces se lo tuvo en cuenta.

"Requerimientos para construir los Tchcce", esta es una nueva oportunidad de negocio, es decir que, a partir de los requerimientos de las aplicaciones del nuevo control, se derivan los diseños y fabricaciones de elementos para el efectivo control.

"Los Beneficios", en este tema no hay límites dado que a nivel global, todas las industrias con más de 10 kW de potencia tienen, normalmente, máquinas eléctricas que controlar.

Ing. Osvaldo Heredia

CAPÍTULO 10
EL PROBLEMA Y EL INICIO DE LA INVESTIGACIÓN

En el año 1993 en la Provincia de Tucumán-Argentina (*), con el objeto de eliminar el déficit económico de la Distribuidora de Electricidad (**), se implementó un cambio radical en la política empresaria, tal como la de apoyar el fortalecimiento y el desarrollo del área comercial prioritariamente frente al área técnica. A tales efectos y entre otras cosas, se instalaron medidores/registradores electrónicos, cuyo resultado inmediato llevó a que se escucharan a los Clientes reclamar por diferencias en la facturación de la potencia eléctrica respecto de las mediciones y/o registraciones efectuadas antes del cambio de aparatos.

(*) El Autor se desempeñaba como "Subgerente de Programación Empresaria y Control de Gestión" en EDET S.A.-Empresa de Distribución de Electricidad de Tucumán Sociedad Anónima.
(**) Unidad de negocio transferida en 1992 desde Agua y Energía Eléctrica a la Provincia de Tucumán y concesionada en 1995.

Posteriormente en la Provincia de Salta (1996-2001) (*), se observaron similares síntomas en los Clientes desde que la Distribuidora de Electricidad (**) instaló los medidores electrónicos; verificándose además, que las facturas del servicio mostraban incrementos en las mediciones y/o registraciones de algunos parámetros eléctricos como la potencia eléctrica.

(*) El Autor se desempeñaba como Gerente de Asuntos Tarifarios y de Economía del ENRESP-Ente Regulador de Servicios Públicos de la Provincia de Salta.
(**)Unidad de negocio transferida en 1981 desde Agua y Energía Eléctrica a la Provincia de Salta y concesionada en 1996.

Y como sucede con todo cambio brusco como el realizado en el Sector Eléctrico en Argentina, los Usuarios pagaron caro por la falta de información que ni los reguladores ni las distribuidoras tuvieron oportunidad de difundir a los Consumidores, en especial la nueva forma de medir, calcular, registrar y facturar la potencia eléctrica con medidores electrónicos. En particular, todos los Usuarios mostraron su desconocimiento en el manejo o gestión de la carga eléctrica.

Ante estos hechos y dejando de lado el estado en que podrían estar los medidores reemplazados (atrasados, etc.), surgió la idea de investigar en profundidad los procesos metodológicos para entender cómo se mide, calcula, y registra la potencia eléctrica para facturación.

Previamente, cabe preguntarse: ¿Qué es la Potencia? En el Anexo 1 se mencionan conceptos al respecto.

CAPÍTULO 2
ESTRUCTURA DE LA FACTURACIÓN Y RESPONSABILIDAD DEL REGULADOR

La facturación que por venta de potencia eléctrica se realiza a todos los Clientes de medianas demandas (potencias entre 10 y 50 kW), así como a todos los Clientes de grandes demandas (potencias mayores de 50 kW), independientemente de tener convenios bajo la forma de contratos particulares, se efectúa de la siguiente forma:

Facturación de la potencia eléctrica en [\$/mes] =
= precio unitario de la potencia en [\$/kW-mes]   x
cantidad de potencia en [kw]

Facturación = precio unitario x cantidad

Lo expresado corresponde solo a uno de los rubros, entre los diversos que contiene una factura del servicio de electricidad. La figura 1 es un simple resumen de una factura sin impuestos.

FACTURA DEL SERVICIO DE ENERGÍA ELÉCTRICA

CARGO FIJO	\$ 250
POTENCIA	\$ 7.500
ENERGÍA	\$ 1.250

Figura 1

¿De quién es la responsabilidad del constante monitoreo de los detalles de cada uno de los factores o parámetros que componen la facturación?

De seguro que corresponde a los organismos de control, es decir los reguladores, y el control debe hacerse:

- sobre los precios unitarios (tarifas y ajustes tarifarios),
- sobre las cantidades que se miden y/o registran (medidor/registrador) y,
- sobre los montos resultantes que se facturan (facturación).

En lo que respecta a la cantidad, el monitoreo comprende no solo los números que representan las cantidades que se miden/registran y que mes a mes se relevan para facturación, sino además con qué aparatos o equipos se miden/registran los parámetros eléctricos, su tecnología, su trazabilidad, y lo que es más importante cómo se miden esos parámetros.

CAPÍTULO 3
LOS PASOS MÁS IMPORTANTES EN EL PROCESO DE FACTURACIÓN

Dado que sobre tarifas o precios unitarios se tienen bibliotecas enteras sobre el tema, el eje del análisis, en este trabajo, se centrará en cómo se mide, calcula y registra la "cantidad" de los parámetros eléctricos, específicamente la potencia eléctrica.

El proceso de facturación del servicio de electricidad tiene pasos importantes como los siguientes:

1. El conocimiento de la tecnología de los aparatos o equipos que miden/registran los parámetros eléctricos, y de los algoritmos de cálculo que utilizan.

2. El conocimiento o certificación de la trazabilidad de los aparatos o equipos.

3. El conocimiento del proceso de calibración de los aparatos o equipos.

4. El conocimiento del estado inicial de la programación según norma técnica.

5. El conocimiento de los métodos que se utilizan para medir/registrar los parámetros eléctricos.

6. El conocimiento del método correcto para medir, calcular, registrar y facturar la potencia eléctrica.

Además, cada uno de los parámetros tiene particularidades que hay que conocer a fondo, especialmente cómo se mide y qué significa o cómo se interpreta su medición y/o registración.

La figura 2 muestra algunas características de presentación de la potencia eléctrica.

LA POTENCIA ELÉCTRICA

CAPACIDAD

CAPACIDAD DE SUMINISTRO CONTRATADA EN PUNTA

CAPACIDAD DE SUMINISTRO CONTRATADA FUERA DE PUNTA

POTENCIA SUMINISTRADA EN PUNTA

POTENCIA SUMINISTRADA FUERA DE PUNTA

CAPACIDAD DE SUMINISTRO EQUIVALENTE

BAJA TENSIÓN

MEDIA TENSIÓN

Figura 2

CAPÍTULO 4
LA RESPONSABILIDAD GERENCIAL SOBRE LOS SERVICIOS INDUSTRIALES

Disminuir los recursos utilizados en la producción de bienes o servicios significa incrementar la productividad, interesando sobremanera el control de los montos facturados y por lo tanto de las cantidades registradas para el cómputo de una factura, en este caso el de la potencia eléctrica.

A tales efectos, el gerente responsable de la "Administración de los Servicios Industriales" (*), deberá periódicamente verificar y analizar no solo los precios unitarios (tarifas) sino además, las cantidades medidas, calculadas y registradas.

(*) El Autor fue Profesor de la Asignatura Electiva "Administración de Servicios Industriales (agua, gas y energía eléctrica)" de la Carrera de Ingeniería Industrial de la Facultad de Ciencias Exactas y Tecnología de la Universidad Nacional de Tucumán.

El control de cómo se miden los parámetros eléctricos y qué significan o cómo se interpretan en cuanto a su medición, cálculo y registración, debe hacerse de manera periódica -principalmente cuando hay cambios en las reglas de juego- como revisión ordinaria de tarifas ó revisión extraordinaria de tarifas ó renegociación de contrato.

Esta es una condición necesaria para buscar o detectar **"oportunidades de alta eficiencia"** en una empresa industrial.

El conocimiento de los instrumentos regulatorios de los servicios industriales que se demandan es una cuestión indispensable no solo cuando se analizan los parámetros que se miden, calculan, registran y facturan, sino además para verificar, hacer planteos al proveedor, solicitar intervención al regulador, para negociar soluciones, etc.

Los instrumentos más importantes vigentes - en materia regulatoria- son, entre otros:

- El Marco Regulatorio,
- El Contrato de Concesión,
- El Reglamento de Suministro,
- El Régimen Tarifario,
- Los Procedimientos para Ajustes Tarifarios,
- El Cuadro Tarifario,
- La Calidad de los Servicios,
- La Extensión de las Redes
- Los Procedimientos del Mercado Mayorista.

En relación a la potencia eléctrica, se muestra parte de un Régimen Tarifario que se aplica a Clientes finales (incluida la compra de peaje).

RÉGIMEN TARIFARIO

Este Régimen será de aplicación para los clientes finales de energía eléctrica en una determinada jurisdicción.

A los efectos de su ubicación en el Cuadro Tarifario se los clasifica en:

CLIENTES DE PEQUEÑAS DEMANDAS: Son aquellos cuya demanda máxima no sea Superior a 10 kW.

CLIENTES DE MEDIANAS DEMANDAS: Son aquellos cuya **demanda máxima promedio de 15 minutos consecutivos** *sea superior a 10 kW e inferior a 50 kW.*

CLIENTES DE GRANDES DEMANDAS: Son aquellos cuya **demanda máxima promedio de 15 minutos consecutivos** *sea igual o superior a 50 kW.*

Encontrándose términos nuevos como los destacados en negrita y que necesariamente deben estudiarse e investigarse a los fines de comprender la temática relacionada con la potencia eléctrica y adquirir la idoneidad para controlar la facturación en todos sus aspectos.

El siguiente paso recomendado es centrarse en el conocimiento de:

- Las instalaciones eléctricas de modo unifilar.
- Las fuentes de abastecimiento. Los puntos de transformación.
- Las tensiones de alimentación.
- Los puntos iniciales y finales de las canalizaciones.
- Las potencias de las máquinas eléctricas.
- Las corrientes eléctricas.
- Las curvas de carga. Los transitorios.
- Los puntos de medición/registración.
- La cobertura eléctrica de cada uno de estos aparatos.
- La jurisdicción de compra/venta.

El conocimiento de estos datos e información, ayuda sobremanera a la comprensión de los **procesos productivos** vistos desde la carga eléctrica.

El esquema de instalación de la figura 3 nos muestra el M-Medidor de energía eléctrica, la cobertura eléctrica del mismo, las canalizaciones entre el medidor y el TCFM-Tablero de Control de Fuerza Motriz de todas las máquinas de potencia eléctrica, y la unión eléctrica entre el TCFM y las máquinas de potencia propiamente dichas, representadas en la figura por los **procesos productivos**. Estos procesos productivos se consideran independientes, uno del otro.

En otras palabras, tres ramas productivas en paralelo cuya integración de la carga eléctrica se efectúa en TCFM y se mide, calcula y registra en M.

Ahora bien, suponiendo que en la mente del gerente responsable de los servicios está el control de la facturación de la potencia eléctrica, tanto en monto como en cantidad, en lo siguiente buscará conocer qué se factura como potencia eléctrica.

Relevamiento de Instalaciones

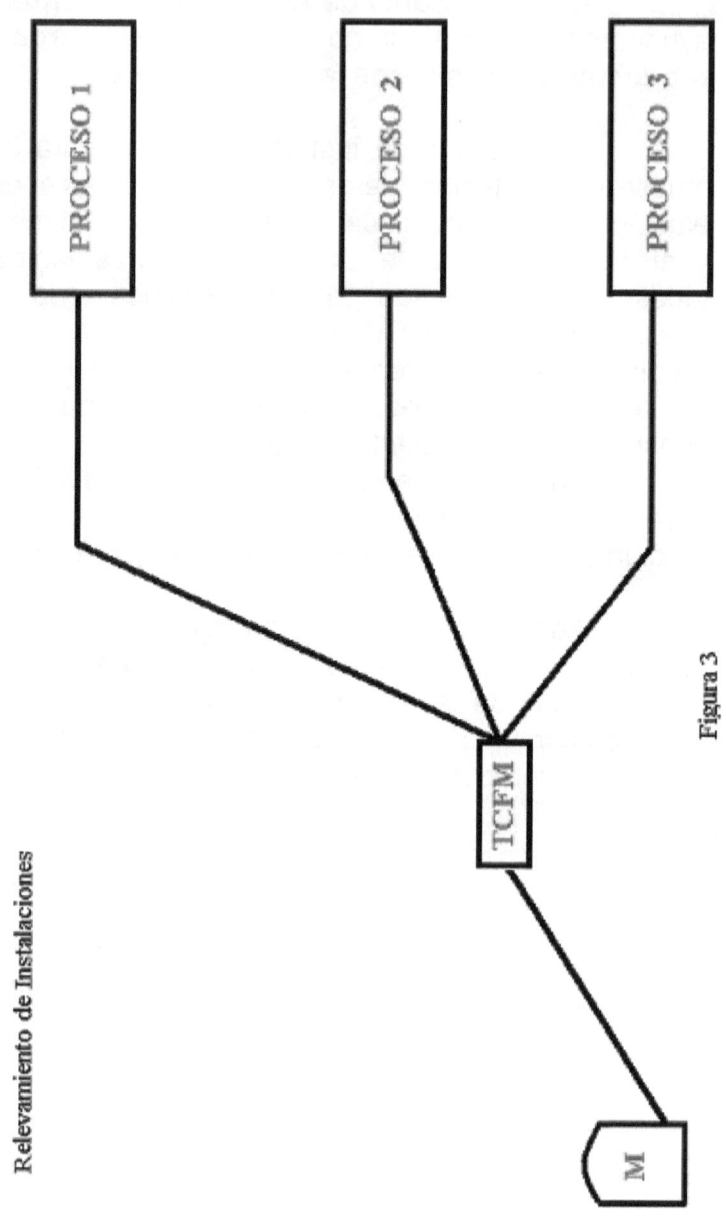

PROCESO 1

PROCESO 2

PROCESO 3

TCFM

M

Figura 3

24

La figura 4 muestra la curva de carga total monitoreada a la salida del aparato que registró la potencia eléctrica para facturación, bajo el supuesto de que en el mes se produjo un solo arranque de los procesos productivos y simultáneo los tres, y que tiene la forma como la de la figura, durante el período de registración y facturación según el régimen tarifario vigente.

El mismo monitoreo deberá hacer con las curvas de cargas eléctricas parciales, no solo para conocer el monitoreo en cada una de las tres ramas sino además para verificar que la integración de las curvas de cargas parciales resulta en la curva de carga total.

Para simplificar la presentación gráfica y hacer más fácil la comprensión del proceso de registración de la potencia eléctrica, se toman curvas de cargas rectangulares, es decir, se eliminan las curvaturas debidas al resto de las curvas de cargas parciales.

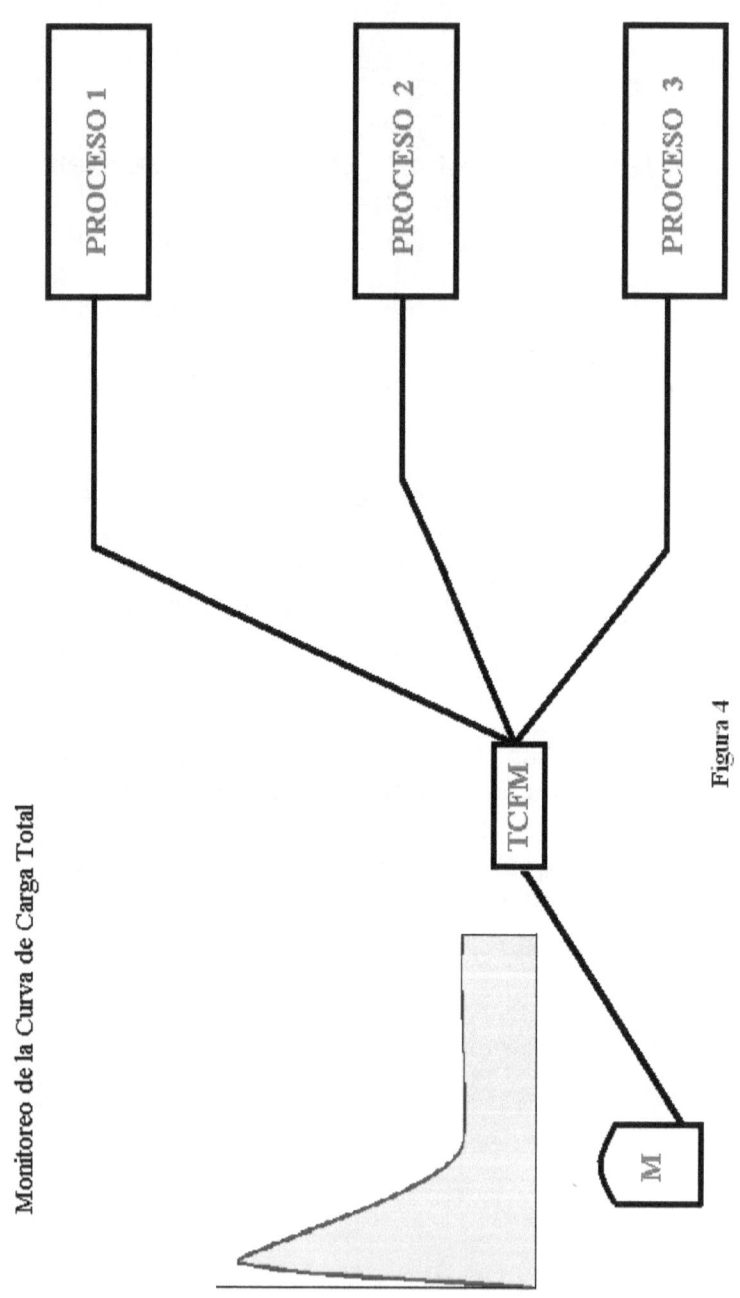

Monitoreo de la Curva de Carga Total

PROCESO 1

PROCESO 2

PROCESO 3

TCFM

M

Figura 4

26

En la figura 5 se indican las curvas de cargas eléctricas parciales simplificadas y que corresponden a cada uno de los procesos productivos, independientes:

> La curva del Proceso 1 es un pulso muy breve,

> la curva del Proceso 2 es un pulso de más larga duración que el anterior y,

> la curva del Proceso 3 es constante durante todo el intervalo de medición/registración de la potencia eléctrica.

Monitoreo de las Curvas de Cargas Parciales

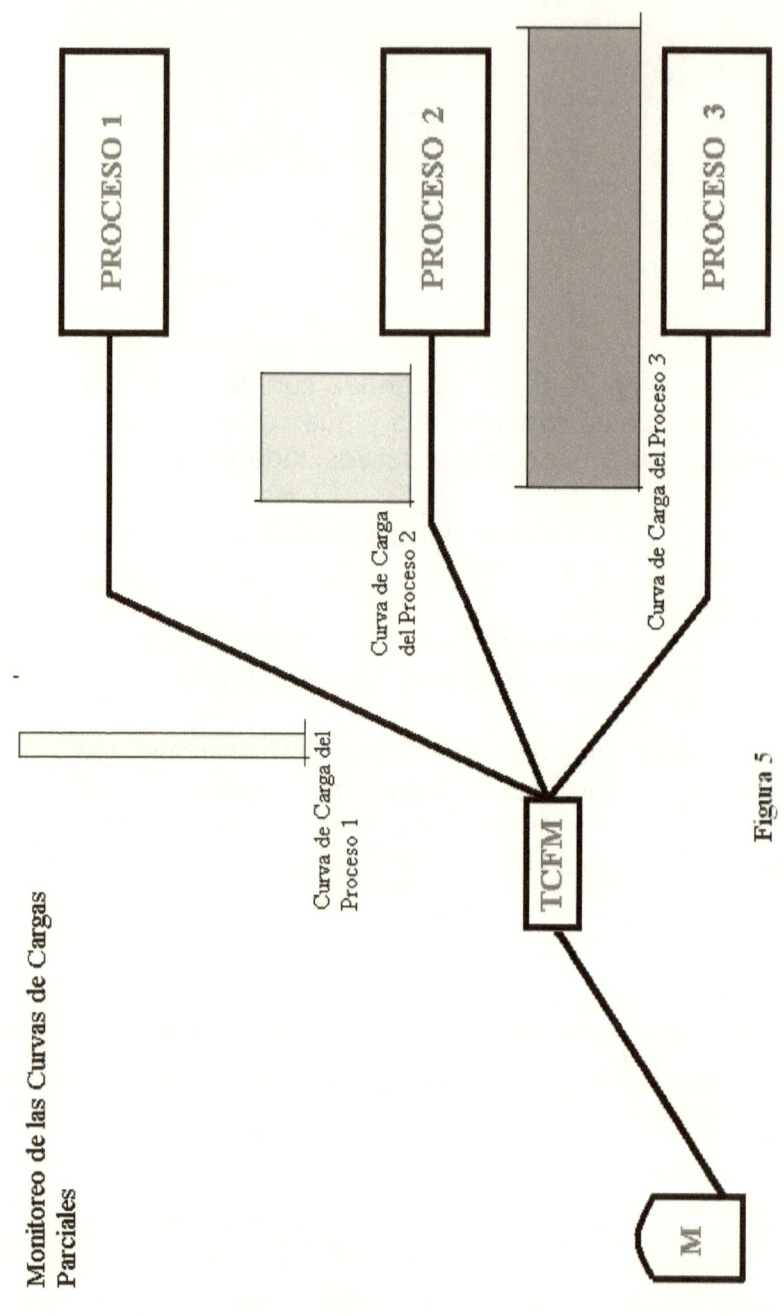

PROCESO 1

PROCESO 2

PROCESO 3

Curva de Carga del Proceso 1

Curva de Carga del Proceso 2

Curva de Carga del Proceso 3

TCFM

M

Figura 5

28

A continuación y a partir del modelado de las curvas de cargas parciales se procede al análisis de la composición de la curva de carga total, con ayuda de las figuras 6, 7 y 8.

Los ejes coordenados de una gráfica de curva de carga eléctrica son potencia [kW] y tiempo [hs], pero las mediciones normalmente se hacen en corriente [A] y tiempo [seg], por lo que habría unas constantes de por medio.

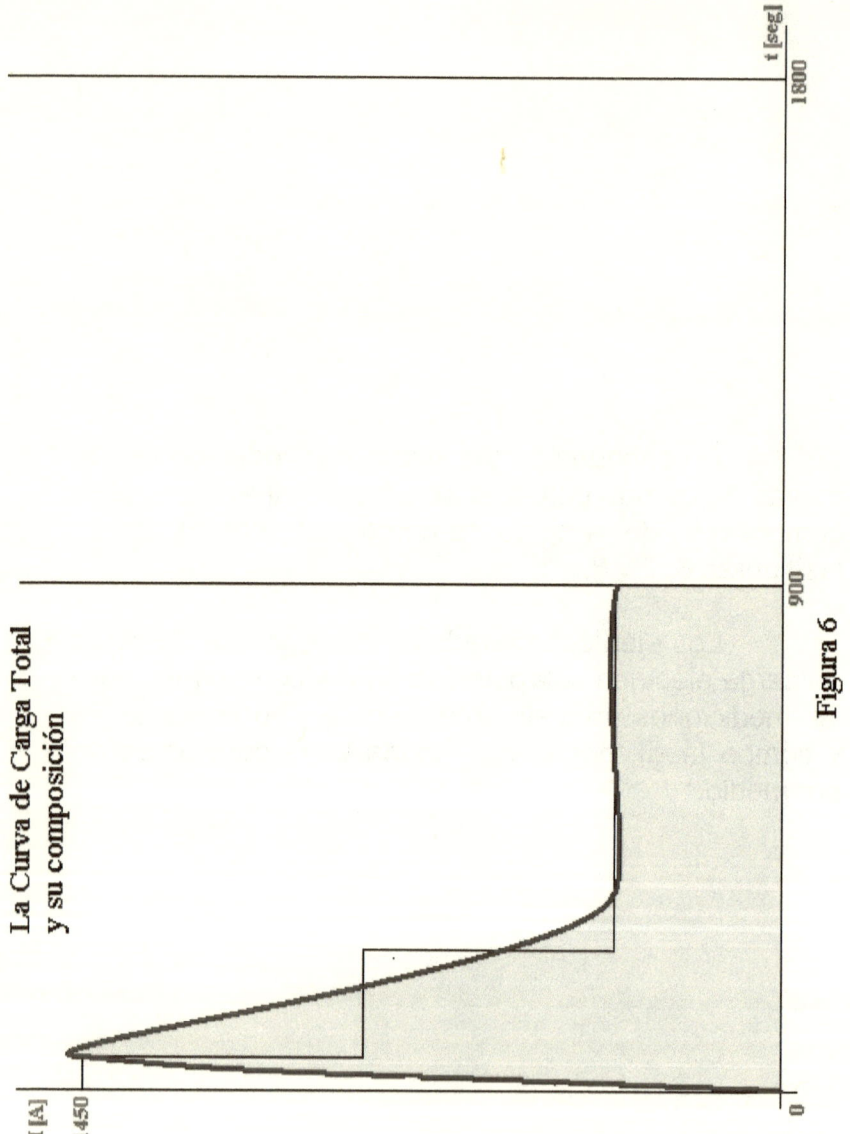

La Curva de Carga Total y su composición

Figura 6

30

La constante para pasar corriente [A] a potencia [kW] se denomina K1:

$$P(kW) = \sqrt{3} \times U \times I \times \cos(fi) \times 10^{-3}$$

$$P(kW) = \sqrt{3} \times 380 \times I \times 0,95 \times 10^{-3} = 0,62453 \times I = K1 \times I$$

K1 = 0,62453

La constante para pasar tiempo [seg] a tiempo [hs] se denomina K2:

$$T(hs) = \frac{10^{-3}}{3,6} \times T(seg)$$

$$T(hs) = K2 \times T(seg)$$

K2 = 0,00028

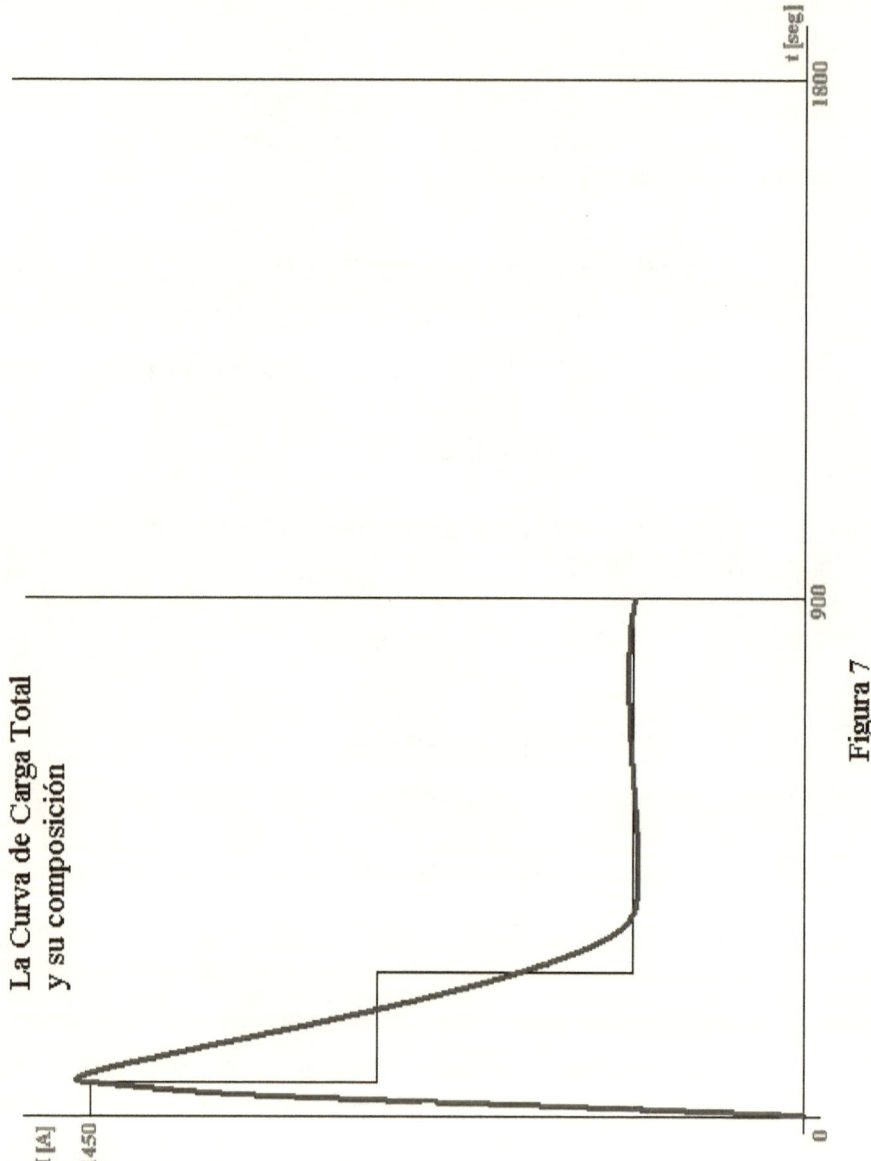

La Curva de Carga Total y su composición

I [A]
1450
0   900   1800   t [seg]

Figura 7

32

En todos los gráficos, el intervalo que se toma para registración de la potencia eléctrica tiene 900 [seg], es decir, 15 [min] ó 15 ['].

El área que encierran las curvas de cargas, en un intervalo determinado, representan las energías eléctricas desarrolladas en los procesos productivos, en esos intervalos.

La figura 7 muestra la curva de carga total superpuesta a su equivalente modelada y, esta última sola, se ve en la figura 8.

Las curvas parciales componentes de la curva de carga total, si bien se obtienen de un proceso de monitoreo en cada una de las ramas, éste debe ser simultáneo con el monitoreo a la salida del medidor/registrador, por un tiempo tal que abarque a todo el proceso de arranque de los procesos productivos (se ha supuesto que se produce el arranque una sola vez en el período de facturación que es un mes, y simultáneos los tres). La figura 9 muestra cada una de las curvas de cargas parciales modeladas.

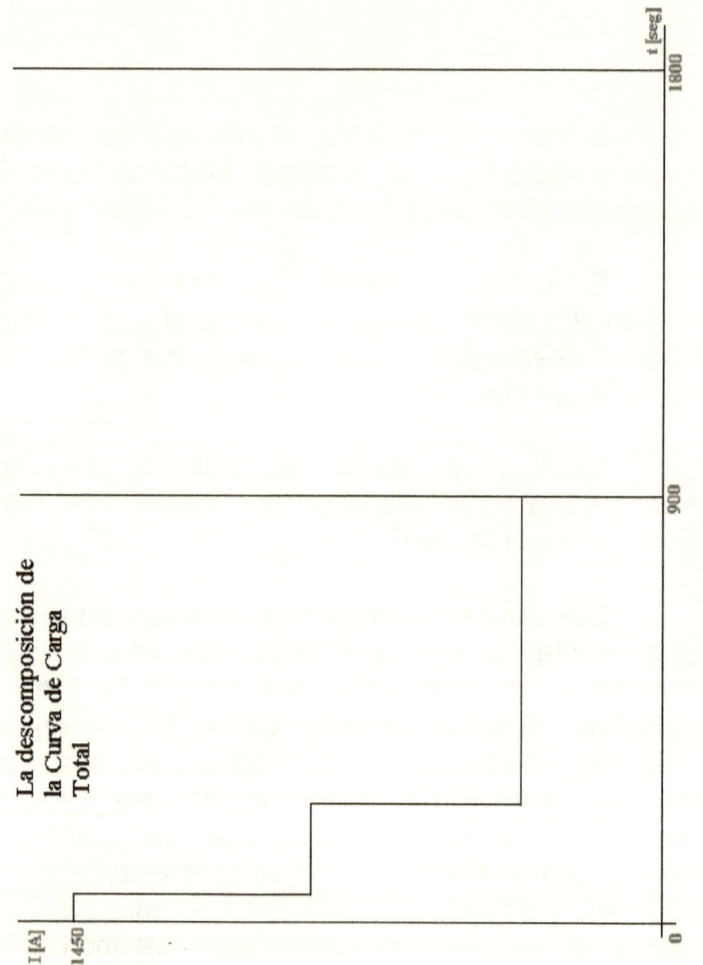

La descomposición de
la Curva de Carga
Total

Figura 8

34

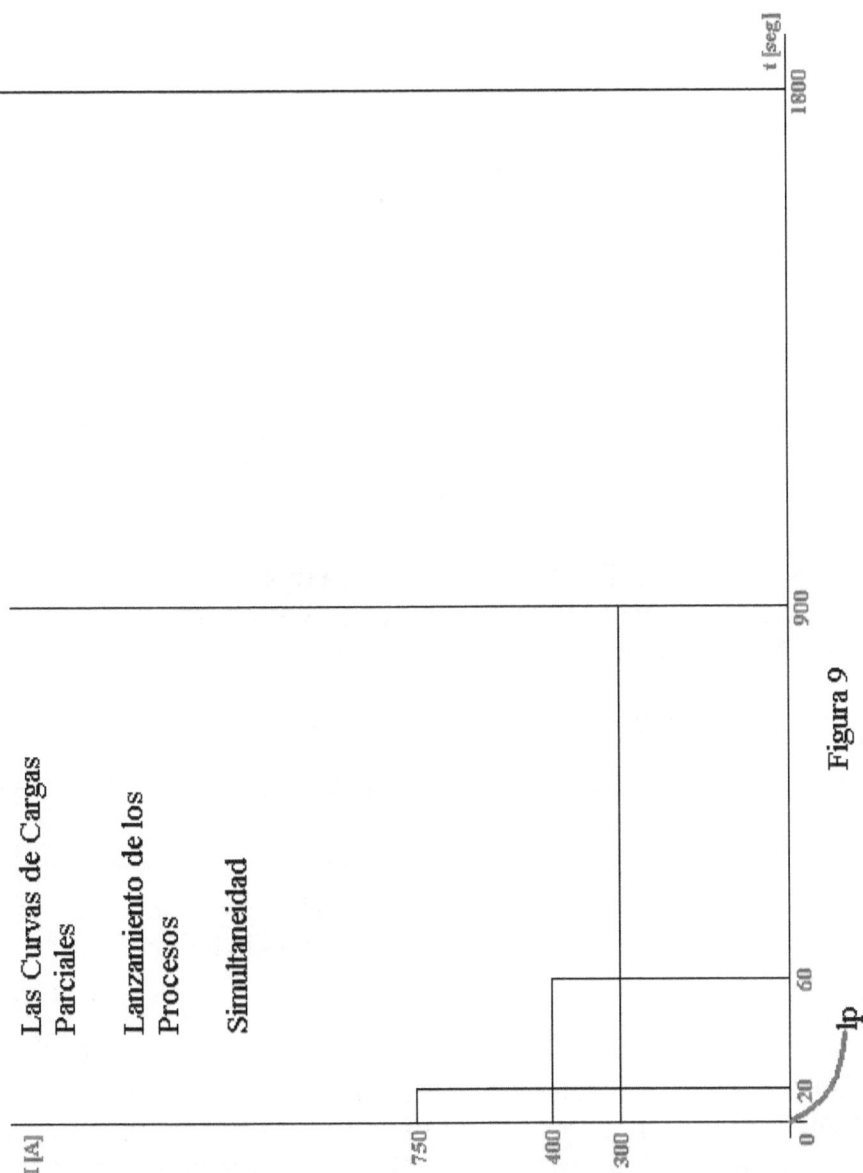

Figura 9

35

Se conoce de la figura 5 que:

➤ la curva del Proceso 1 es un pulso muy breve,

➤ la curva del Proceso 2 es un pulso de más larga duración que el anterior y,

➤ la curva del Proceso 3 es constante durante todo el intervalo de medición/registración de la potencia eléctrica.

Las particularidades de cada una de las curvas de cargas simplificadas se las puede ver en las figuras 10, 11 y 12, y son:

➤ pulso breve: 750 [A] y 20 [seg];

➤ segundo pulso: 400 [A] y 60 [seg];

➤ carga del Proceso 3: 300 [A] durante los 900 [seg] que dura todo el intervalo de medición/registración de la potencia eléctrica.

Pero, lo que más se destaca en este tipo de análisis es el lanzamiento de cada uno de los procesos productivos, y en este caso, los tres procesos son lanzados al mismo tiempo, es decir, hay simultaneidad total en el lanzamiento y que se indica con "lp" en las diversas figuras.

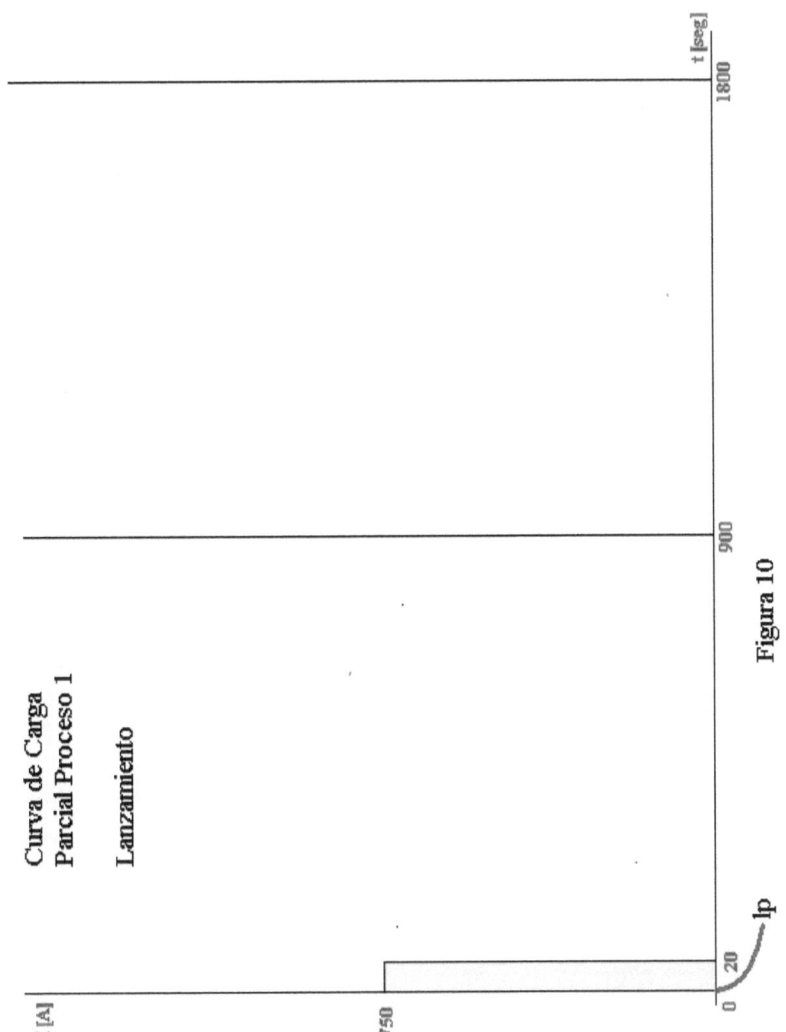

Figura 10

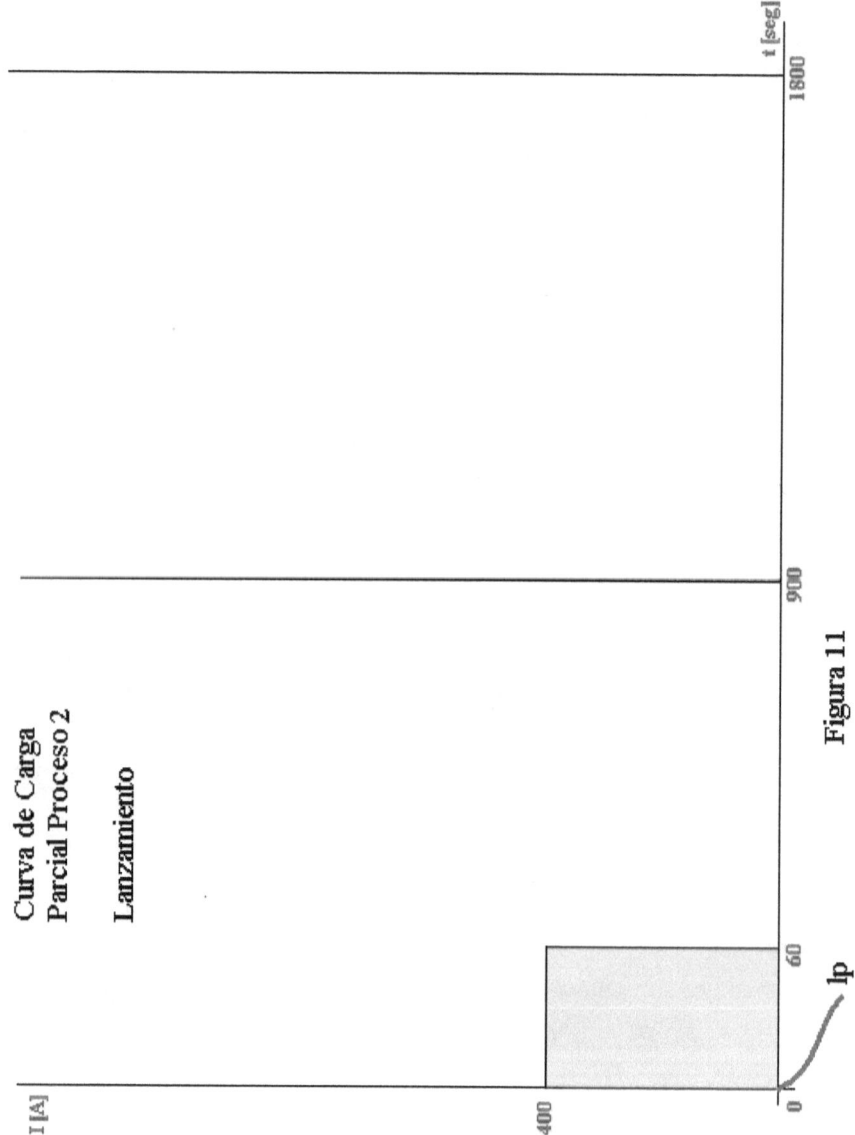

Curva de Carga
Parcial Proceso 2

Lanzamiento

Figura 11

38

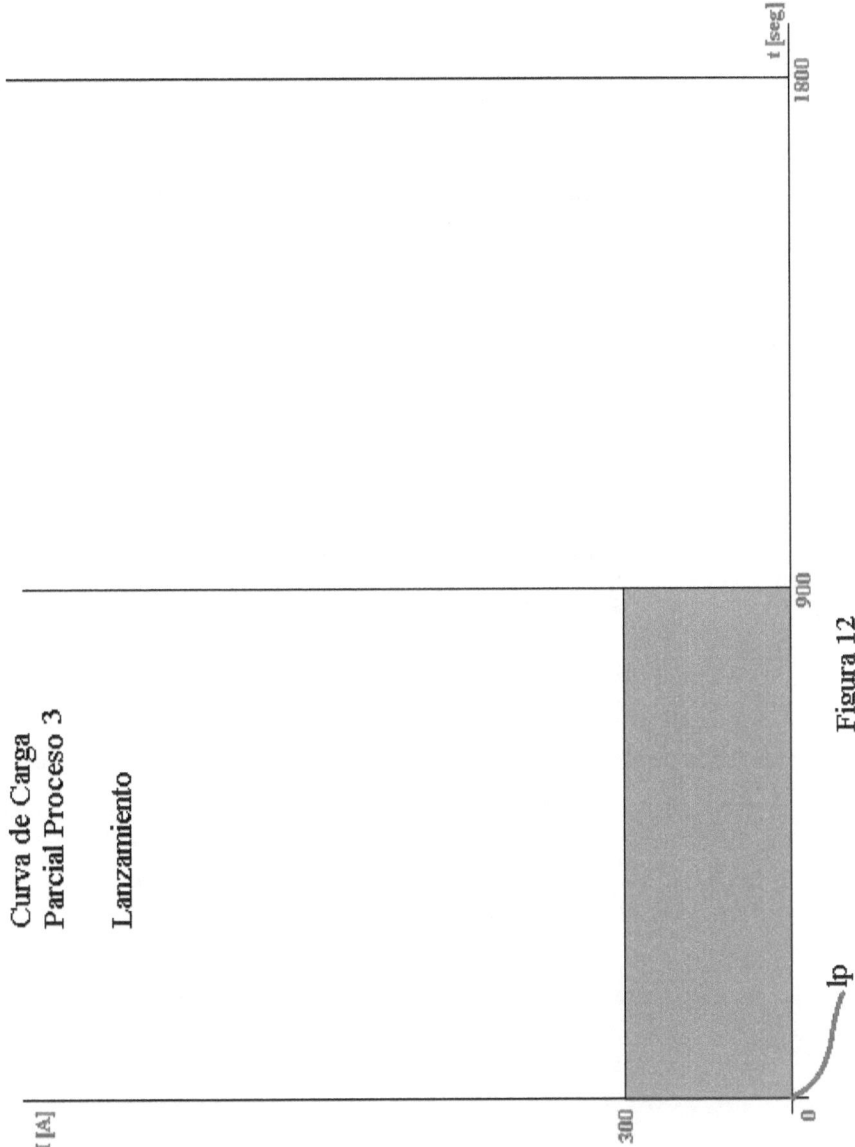

Figura 12

La forma de la curva de carga total y la magnitud de la superficie encerrada, está en función de tres parámetros relacionados con las curvas de cargas parciales:

- La forma.

- La duración.

- El tiempo en que se produce el "Ip".

Siempre y cuando, el análisis se trate dentro de un intervalo que se considera para medición/registración de la potencia eléctrica.

CAPÍTULO 5
LA REGISTRACIÓN DE LA POTENCIA ELÉCTRICA PARA FACTURACIÓN

En Argentina este tema está saliendo a luz con la acción de algunos Usuarios dado que la mayoría de los reguladores omitieron involucrarse en estas cuestiones.

La experiencia tanto en la Provincia de Salta en donde todos los Usuarios con medidores de ciertas características fueron resarcidos económicamente por la distribuidora, por considerarse errada la registración de la potencia eléctrica para facturación, como Usuarios del Gran Alto Palermo Shopping de la ciudad de Buenos Aires, demuestran no solo la importancia del rubro (potencia eléctrica) sino también el interés por las grandes sumas económicas puestas en juego. Cabe aclarar que en el caso de la Provincia de Salta fue el Regulador quien investigó el tema de las variadas formas de medir/registrar la potencia eléctrica para facturación.

Y a los efectos de conseguir pruebas concluyentes, se trabajó durante varios años (*), para conseguir información, estudiar los procesos de medición, cálculo, registración y facturación de la potencia eléctrica y además, auditar a una considerable cantidad de medidores electrónicos con el objeto de verificar su estado de situación en cuanto a su programación interna.

(*) Algunos antecedentes:
Boletín Oficial N° 15.565 del 5 de Enero de 1999 de la Provincia de Salta.
Resolución ENRE N° 0101/2005.

Lo importante se centra en que los aparatos electrónicos que se instalaron y se instalan a los Usuarios del servicio de energía eléctrica (medidores/registradores), entre muchas otras cosas, miden, calculan y registran las magnitudes de la potencia eléctrica por medio de dos métodos que se activan mediante la elección de opciones, dentro de un programa informático que se instala en fábrica.

Se supone que solamente el personal especializado de los fabricantes de medidores/registradores, de CAMMESA – Compañía Administradora del Mercado Mayorista Eléctrico Sociedad Anónima, y de las distribuidoras, pueden acceder a las opciones de programación. El Usuario es ajeno a todo esto.

En lo que respecta a la "conexión de una carga eléctrica" se puede asegurar que las variaciones de la corriente demandada se reflejan por las continuas conmutaciones que sufre la impedancia interna del elemento consumidor, por lo que en los primeros momentos la demanda de potencia resulta en lo que normalmente se llama "régimen transitorio"; posteriormente, una vez transcurrida esta etapa, la demanda de potencia se estabiliza en lo que se denomina "régimen de trabajo, nominal o permanente".

A los fines de este trabajo, la explicación es suficiente con el objeto de identificar las etapas tanto transitoria (por lo general de arranque) como la permanente (de trabajo o nominal en muchos casos).

Por lo general, las potencias demandadas en "régimen transitorio" son mayores que las de "régimen permanente"; y que el tiempo que dura el "régimen transitorio" depende del tipo de carga en el eje del motor, el cual puede en algunos casos durar varios minutos como en los arranques de motores pesados.

En general, toda carga eléctrica tiene "régimen transitorio".

Los Medidores/Registradores Electrónicos y el Método de Bloque Fijo:

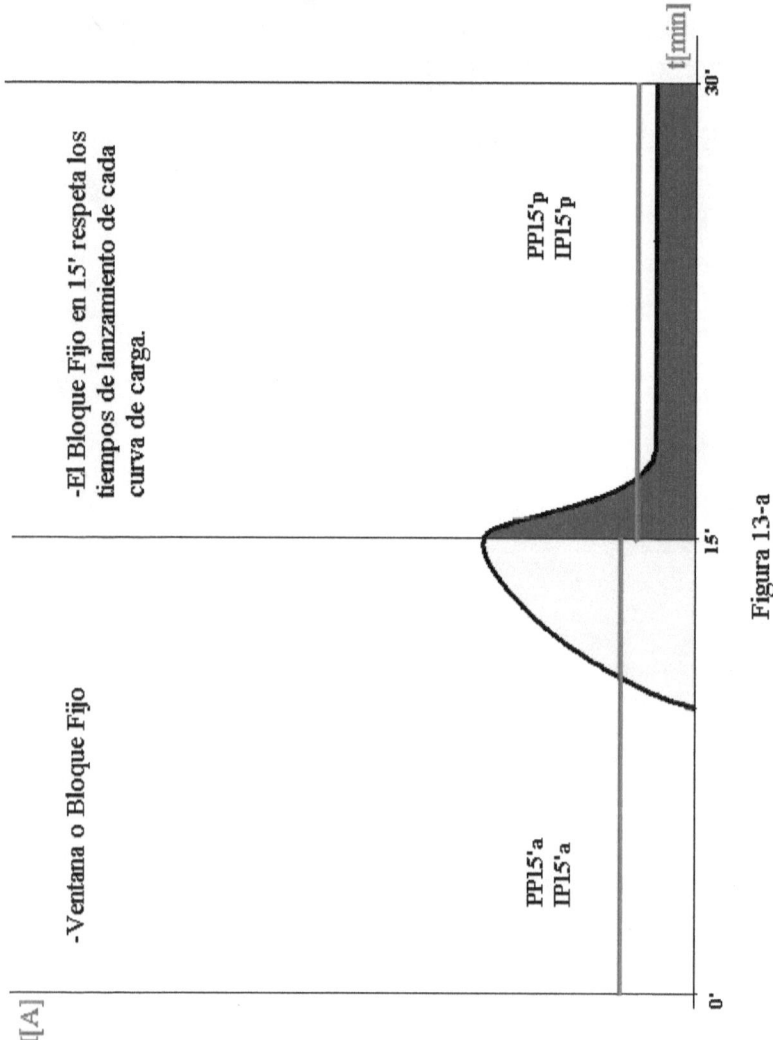

Figura 13-a

44

Se toman 15 minutos como tiempo de intervalo para analizar el método, coincidente con el tiempo expresado en los Procedimientos de CAMMESA y en los contratos de concesión de las distribuidoras, y que es el tiempo seleccionado en los medidores/registradores para determinar la energía encerrada bajo la curva de carga (superficie) y luego poder calcular la potencia eléctrica promedio.

La potencia que se toma una vez por mes (el último día del mes) para facturación, es la máxima potencia de todas las potencias registradas promedio de 15 minutos, de entre todos los 15 minutos consecutivos que contiene un mes:

Cantidad de bloques consecutivos de 15' en un mes de 28 días = 4x24x28 = 2688
Cantidad de bloques consecutivos de 15' en un mes de 29 días = 4x24x29 = 2784
Cantidad de bloques consecutivos de 15' en un mes de 30 días = 4x24x30 = 2880
Cantidad de bloques consecutivos de 15' en un mes de 31 días = 4x24x31 = 2976

En la práctica, se va almacenando siempre el mayor valor medido/calculado promedio de 15 minutos. La facturación no indica cuál de todos los 15 minutos del mes guardó el mayor valor de potencia eléctrica (seguramente esa información la almacena el medidor/registrador pero no es brindada al Usuario).

En la Figura 13-a -y tal como lo evalúa el medidor/registrador- se aprecian dos ventanas consecutivas en bloques fijos de 15 minutos de intervalo cada una, y son: la ventana anterior y la ventana posterior. Cada una de las ventanas (fijas ancladas cada 15 minutos), calcula la superficie de la curva de carga (solo una superficie y que equivale a la energía puesta en juego en el proceso), de donde proviene la potencia eléctrica promedio: PP15'a (potencia promedio de 15 minutos del bloque denominado anterior), y PP15'p (potencia promedio de 15 minutos del bloque denominado posterior). Y por lo consiguiente, las corrientes promedio son: IP15'a (corriente promedio de 15 minutos del bloque anterior), y IP15'p (corriente promedio de 15 minutos del bloque posterior).

El método de Bloque Fijo, es una de las opciones que se fija al aparato medidor/registrador a través de un programa, para que mida/calcule/registre las potencias promedios de 15 minutos en cada uno de los bloques siguientes (mes de 30 días):

- Bloque Fijo 1: entre el minuto 01 y el minuto 15,
- Bloque Fijo 2: entre el minuto 16 y el minuto 30,
- Bloque Fijo 3: entre el minuto 31 y el minuto 45,
- Bloque Fijo 4: entre el minuto 46 y el minuto 60,
- ......
- Bloque Fijo 2880: entre el minuto 43185 y el minuto 43200.

De todos ellos, es decir, con el máximo registro se calcula la facturación mensual.

En otras palabras, si se trata de un mes de 30 días, se registran y se comparan 2.880 registraciones de potencia en la que cada una proviene del promedio calculado dentro de un Bloque Fijo de 15 minutos, todos correlativos uno a continuación del otro, entre el minuto 00 y el minuto 43.200.

Este método es el que utiliza CAMMESA en el SMEC para medir/registrar la demanda, según consta en los PROCEDIMIENTOS PARA LA PROGRAMACIÓN DE LA OPERACIÓN EL DESPACHO DE CARGAS Y EL CÁLCULO DE PRECIOS, DE CAMMESA: Procedimiento Técnico N° 3: Sistema de Medición Comercial, Procedimiento de Recolección de Datos en Emergencia.

Ejemplo:

Corresponde a un medidor Principal de TRANSENER en la frontera con EDENOR E.T. Gral. Rodríguez, con dos canales habilitados, (energías activas salientes y entrantes respectivamente), y a continuación el comienzo del medidor de control del mismo nodo con tres canales habilitados (canal 1 energía saliente, canal 2 energía entrante y canal 3 V.h).

" 5/19/94 00:15",309,0
"00:30",289,0
"00:45",293,0
"01:00",296,0
"01:15",295,0
"01:30",268,0
"01:45",264,0
"02:00",271,0
"02:15",270,0
"02:30",269,0
"02:45",272,0
"03:00",281,0
"03:15",280,0
"03:30",275,0
"03:45",270,0

```
"04:00",302,0
"04:15",326,0
"04:30",319,0
"04:45",314,0
"05:00",321,0
"05:15",323,0
"05:30",318,0
"05:45",316,0
"06:00",338,0
"06:15",354,0
"06:30",368,0
"06:45",378,0
"07:00",311,0
"07:15",303,0
"07:30",309,0
```

Y así sucesivamente hasta las 23:45 hs. de cada día del mes.

En el caso de que los Usuarios, durante el proceso de recolección de datos en emergencia no lo hagan a través de los CR-Centros Recolectores, el formato de los Archivos de Datos de Medidores del SMEC a enviar por los Agentes del MEM, puede ser de dos formas:

- Si el agente recoge los datos de los medidores afectados al SMEC, serán iguales a los señalados anteriormente.

- Si el agente los recolecta por otro medio, (esquema de respaldo) deberán ser de un formato igual a los anteriores, solo que se podrá admitir que los valores enviados sean de Potencia Promedio cada 15 minutos, en Kw.

A continuación se da un ejemplo del medidor XXXXXXXP con dos canales:

Canal 1 Energía activa saliente, Canal 2 Energía activa entrante:

"Kw"

```
"Time ","XXXXXXXP","XXXXXXXP"
" 5/21/94 00:15",322000,0
"00:30",321000,0,
"00:45",321000,0,
"01:00",318000,0,
```

En resumen, en el método de Bloque Fijo se definen intervalos fijos (ventanas fijas) dentro de los cuales, se desarrollan procesos completos de medición, cálculo y registración de la potencia eléctrica, a partir del cálculo de la superficie encerrada bajo la curva de carga (energía eléctrica), en cada uno de los intervalos.

Los Medidores/Registradores Electrónicos y el Método de Bloque Deslizante:

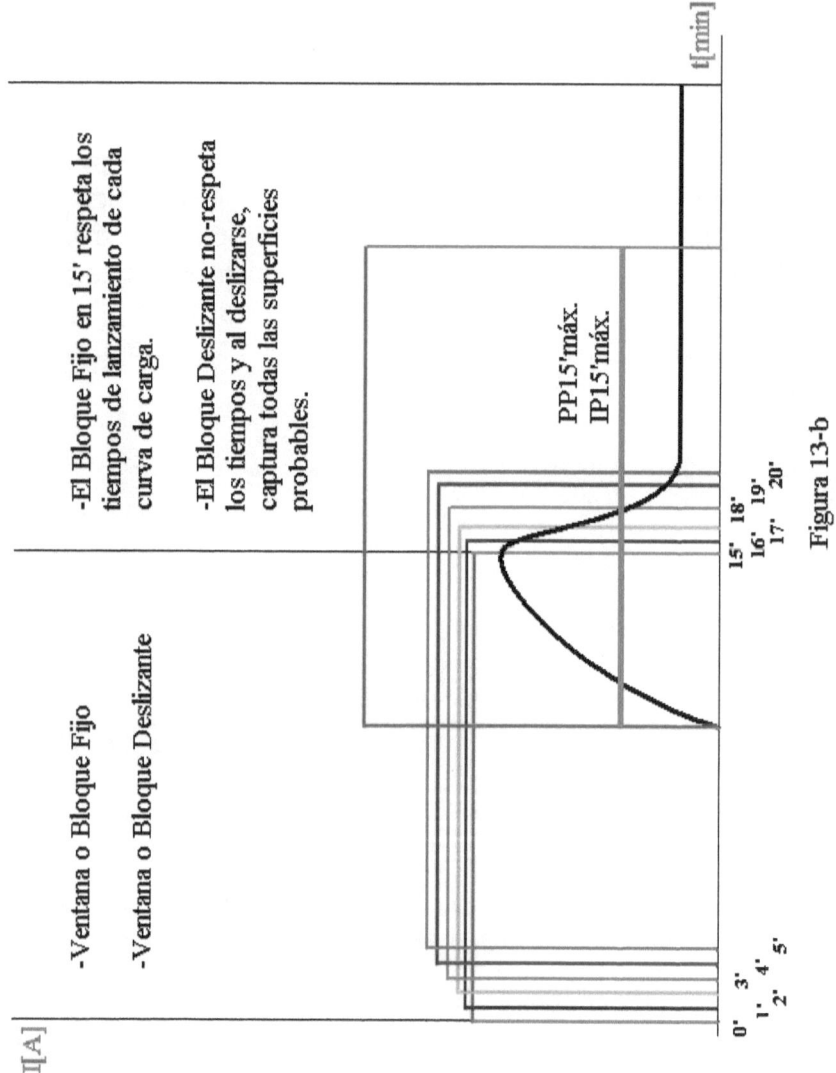

Figura 13-b

La diferencia con el método de Bloque Fijo está en que la opción que se fija en el programa informático del aparato medidor/registrador, para que mida/calcule/registre las potencias promedios de 15 minutos, tiene una condición adicional, y es el "tiempo del sub-intervalo", o sea el tiempo que pasa entre el inicio de una ventana de 15 minutos y el inicio de la siguiente ventana de 15 minutos (ventanas sucesivas). Por lo tanto, si el "tiempo del sub-intervalo" se asigna en 15' (15 minutos), se tiene el caso anterior, es decir bloques fijos cada 15'.

En cambio, si el "tiempo del sub-intervalo" se asigna en 1' (1 minuto), las ventanas se suceden cada minuto que transcurre, por lo que el efecto, es como si se realizara el deslizamiento de una ventana de 15 minutos por todo el recorrido temporal.

Es decir, mientras en el método de Bloque Fijo se definen intervalos fijos (ventanas fijas) dentro de los cuales, se desarrollan procesos completos de medición, cálculo y registración de la potencia eléctrica promedio a partir del cálculo de la única superficie encerrada bajo la curva de carga (energía eléctrica), en el método de Bloque Deslizante por cada intervalo del bloque fijo se tienen 15 ventanas consecutivas una detrás de la otra de las cuales resultan 15 potencias promedios, por lo que se dice que es como una ventana deslizante. En otras palabras, dentro de una ventana de bloque fijo, hay 15 superficies calculadas que provienen de 15 curvas de cargas enmarcadas en 15 ventanas.

La cantidad de bloques enteros que miden, calculan y promedian la potencia eléctrica, en un mes de 30 días son:

Cantidad de bloques de 15' en un mes de 30 días =
60x24x30 – 15 = 43.185

Por lo tanto, si se da el tiempo de 1 minuto como sub-intervalo de tiempo de deslizamiento, las potencias promedios de 15 minutos se miden, calculan y promedian en los tiempos siguientes:

- Bloque Desliz. 1: entre el minuto 01 y el minuto 15,
- Bloque Desliz. 2: entre el minuto 02 y el minuto 16,
- Bloque Desliz. 3: entre el minuto 03 y el minuto 17,
- Bloque Desliz. 4: entre el minuto 04 y el minuto 18,
- ......
- Bloque Desliz. 43.185: entre el minuto 43185 y el minuto 43.200.

En otras palabras, se registran y se comparan 43.185 cálculos o registraciones de superficies (energías en cada intervalo), o sea 43.185 cálculos o registraciones de la potencia promedio.

La Figura 13-b muestra 6 ventanas desplazadas 1', las cuales junto al resto de las ventanas, caminan por todo el recorrido temporal del proceso, pareciéndose a una ventana deslizante que corre en cada minuto (sub-intervalo de tiempo), concatenando todas las superficies (energía) posibles, hasta lograr concatenar la máxima superficie encerrada, o sea la máxima energía, resultando así la máxima potencia promedio que es la que se almacena para facturación.

De aquí que, si en el método de Bloque Fijo, una determinada superficie (curva de carga) se divide entre dos intervalos (una parte para cada lado), resultarán ciertas potencias promedios (una parte para cada lado); en cambio cuando se aplique la opción por Bloque Deslizante, la superficie dividida no cuenta para nada, porque en algún momento la ventana deslizante tomará la máxima superficie y calculará la potencia promedio que será la máxima; el sistema de facturación con esta última registración se quedará.

El respaldo a la Investigación se centra en consultas realizadas, entre otros, a:

- Fabricante de medidores ABB,
- CAMMESA-Compañía Administradora del Mercado Mayorista Eléctrico Sociedad Anónima,
- ENRE- Ente Nacional Regulador de la Electricidad,
- Consultor Económico Director de la Revista Expectativa.

Respuesta de la firma ABB:

Concepto:
Se define como **demanda** a la potencia promedio sobre un intervalo de tiempo especificado.

De acuerdo a como se toman los intervalos de tiempo se pueden tener dos tipos de demanda, **demanda en bloque** y **demanda deslizante**.

La demanda en bloque toma intervalos de tiempo consecutivos, de manera que cada intervalo comienza cuando el intervalo anterior finaliza. Por ejemplo para un intervalo de 15 minutos un intervalo sería 10:00 hs a 10:15 hs , el siguiente 10:15 hs a 10:30 hs , etc.

Para la demanda deslizante se agrega el concepto de sub-intervalo. Tomando el intervalo de demanda y dividiéndolo en N partes iguales, cada una de estas partes se denomina sub-intervalo.

Entonces, para la demanda deslizante se define la duración del intervalo y del sub-intervalo.

Para este tipo de demanda cada intervalo comienza cuando finaliza un sub-intervalo.

Por ejemplo para un intervalo de 15 minutos y sub-intervalo de 1 minutos un intervalo sería 10:00 hs a 10:15 hs, el siguiente 10:01 hs a 10:16 hs, etc.

Cálculo:

En la práctica esta potencia promedio se obtiene a partir de la energía acumulada en el intervalo definido dividida por la duración temporal del intervalo.

Después de un reset de demanda el medidor coloca todos los registros de demanda máxima actuales en cero. Luego comienza a acumular la energía de cada intervalo de demanda, al finalizar cada intervalo el medidor calcula la demanda correspondiente. Verifica si el valor obtenido es mayor que el registro actual de demanda máxima para la tarifa corriente, sí es mayor coloca este valor obtenido en este registro reemplazando el valor anterior. El proceso de cálculo y verificación se repite para cada intervalo.

Intervalos de Demanda y Cambio de Tarifas:

Cuando se produce un cambio de tarifa automáticamente se fuerza la finalización del intervalo de demanda corriente y se comienza un nuevo intervalo. Debido a esto el primer intervalo de cada tarifa esta sincronizado con el cambio de tarifa correspondiente.

De esta manera se elimina la posibilidad de que la energía acumulada durante una tarifa determinada pueda influir sobre la demanda registrada en otra tarifa. Esto es valedero tanto para demanda en bloque como para demanda deslizante.

Ventajas de la Demanda Deslizante:
En los comienzos de la medición de demanda por motivos tecnológicos y de sincronización la única posibilidad disponible fue la medición de demanda en bloques.
Gracias al avance tecnológico actualmente se agrega la posibilidad de medición de demanda deslizante.
Usualmente el valor de demanda máxima es utilizado para controlar que el Usuario de la energía este consumiendo la misma dentro de los límites de potencia contratados para cada una de las tarifas. Es lógico que la distribuidora de energía dimensione su red de acuerdo a esta potencia contratada.

Ejemplo:
Sea un intervalo de 15 minutos y demanda en bloque fijo.
El área azul de la figura 13-c (parte izquierda) representa la energía acumulada en el primer intervalo y el área verde (parte derecha) la energía acumulada en el segundo intervalo.
Como el intervalo es una constante podemos decir que el área debajo de la curva es directamente proporcional a la demanda.

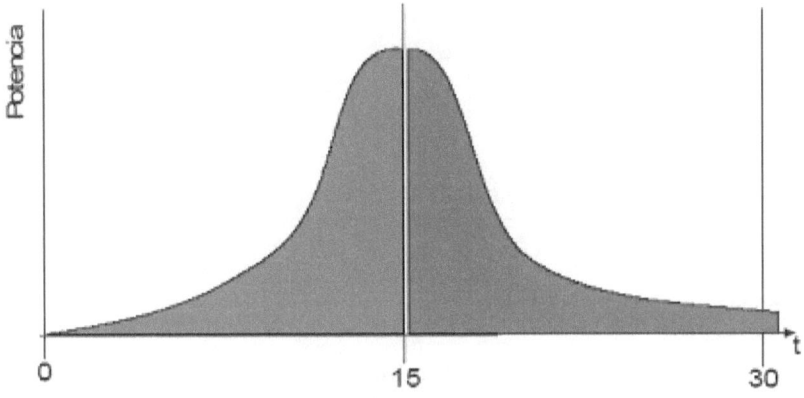

Figura 13-c

Sea ahora la misma carga considerada, también un intervalo de 15 minutos, pero usando demanda deslizante con sub-intervalos de 1 minuto, se tiene la figura 13-d.

Es claro que el área naranja (parte central) de la figura 13-d es mayor mucho que el área azul ó que el área verde de la figura 13-c, por ende la demanda calculada será mayor.

Es evidente que la red de distribución eléctrica deberá ser dimensionada de acuerdo a la demanda indicada por el área naranja de la figura 13-d.

Esto da la pauta de que la demanda deslizante devuelve un valor de demanda que se ajusta a una realidad física que permite controlar más eficientemente el uso de las redes.

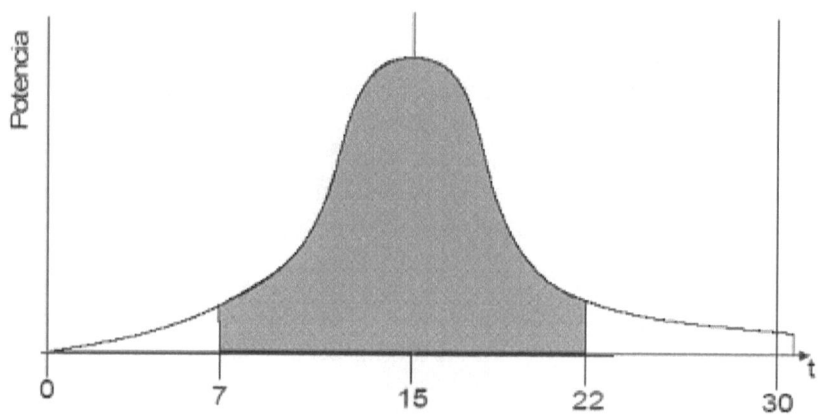

Figura 13-d

Respuesta de CAMMESA:

La Compañía Administradora del Mercado Mayorista Eléctrico tiene entre sus actividades las del SMEC-Sistema de Medición Eléctrica Comercial, confirma que ha tomado la decisión de que todos los cálculos y registraciones de la potencia eléctrica se realicen por el "método de integración" de la energía eléctrica medida y registrada en Bloque Fijo, esto es durante un intervalo de 15' consecutivos en cada Bloque Fijo de 15' (por ej.: entre el 1' y el 15', luego entre el 16' y el 30', etc.), resultando 96 bloques en 24 horas y a partir de las 00:00 hs. de cada uno de los días del año.

Que todos los registros de la potencia eléctrica, calculados por el método en Bloque Fijo, reflejan las respectivas curvas de cargas, a partir de las cuales CAMMESA realiza las facturaciones por potencia y otros, correspondientes.

Y que más detalles se encuentran en Los Procedimientos para la Programación de la Operación, el Despacho de Cargas y el Cálculo de Precios de CAMMESA.

Respuesta del ENRE

Este Organismo ha Autorizado a las Distribuidoras de Jurisdicción Nacional a utilizar el método de Bloque Deslizante para calcular y registrar los valores de la potencia eléctrica.

Observación:
Esto es ya un inconveniente contra el cual hay que bregar en el plano de las demostraciones técnicas económicas con el fin de obtener el cambio de Bloque Deslizante a Bloque Fijo.

Respuesta del Director de la Revista Expectativa:

El planteo tiene fuertes fundamentos por lo que ahora se debe enfrentar al Vendedor de los servicios, por el cambio de Bloque Deslizante a Bloque Fijo.

CAPÍTULO 6
EL MÉTODO CORRECTO PARA MEDIR/REGISTRAR LA POTENCIA ELÉCTRICA

El criterio correcto a utilizar en una transacción económica se basa en que las cantidades que se venden/compran en un mercado minorista, se midan, calculen y registren con el mismo método con que se miden, calculan y registran las cantidades que se venden/compran en el mercado mayorista.

En realidad y para el caso de la potencia eléctrica, los fabricantes han incorporado en los medidores/registradores electrónicos diversos modos para procesar los parámetros de la potencia eléctrica y proveen a los vendedores minoristas de energía eléctrica con aparatos programados con el método de Bloque Deslizante argumentando que es la manera más fiel de medición, cálculo y registración a tener en cuenta cuando se piensa en la capacidad de las redes; mientras que los compradores/vendedores mayoristas lo hacen exclusivamente con el método de Bloque Fijo (clara opción adoptada por CAMMESA).

Entonces, ¿cómo encarar esta problemática de falta de homogeneidad en los procesos de medición, cálculo y registración de la potencia eléctrica promedio?

Desde el punto de vista del Consumidor es oportuno saber que una transacción comercial lleva implícito "preferencias", de parte del actor demandante:

- Correcta medición de la cantidad,
- disponibilidad del producto o servicio,

- alta calidad comercial y técnica,y
- precio conveniente.

Y la potencia eléctrica no goza de la primera de la "preferencias" cuando se la compra en el mercado minorista. Si hay falta de información en una transacción comercial, esta no es eficiente, y quizás esto suceda por abuso de una posición dominante de mercado ejercida por los vendedores.

Desde el punto de vista legal, se tiene la más importante consideración que se haya hecho de la energía eléctrica llevándola a la categoría de "bien comercializable" al igual que muchos otros.

LEY 15336 / 1960 (que forma parte del Marco Regulatorio Eléctrico junto con la Ley Nacional 24065/1991).
Bs. As., 15/9/60

Art. 2º.- A los fines de esta ley, la energía eléctrica, cualquiera sea su fuente y las personas de carácter público o privado a quienes pertenezca, se considerará una cosa jurídica susceptible de comercio por los medios y formas que autorizan los códigos y leyes comunes en cuanto no se opongan a la presente.

Art. 4º.- Las operaciones de compra o venta de la electricidad de una central con el ente administrativo o con el concesionario que en su caso presta el servicio público, se reputarán actos comerciales de carácter privado en cuanto no comporten desmedro a las disposiciones de la presente ley.

Observación del Autor: genéricamente la energía eléctrica tiene dos productos, la "potencia eléctrica" y la "energía eléctrica" propiamente dicha.

En lo que sigue, se esbozan dos ejemplos tipos a los fines de destacar la importancia que contiene la información técnica, y las consecuencias de no aprovecharla.

Ejemplo 1:

a) Sea un Cliente que desarrolla sus procesos productivos con arranques de todo tipo (transitorios) y que normalmente compraba en el MEm (*) una potencia eléctrica promedio de 15 minutos igual a 500 [kW] y al utilizar todas las técnicas de avanzada para "disminuir la facturación de la potencia eléctrica", él estima que tendría una disminución en la registración de la potencia eléctrica promedio y por lo consiguiente en la facturación, de alrededor del 20%, es decir, que el Cliente estima que el nuevo registro para facturación rondaría los 400 [kW]. Todo esto suponiendo que el proceso de medición, cálculo y registración, tanto en el MEm como en el MEM, se efectúan de igual forma, o sea por el método de Bloque Fijo (información que el Consumidor -se supone-, ya conoce).

(*) *El Autor llama "MEm-Mercado Eléctrico minorista" al compuesto por las Distribuidoras y todos los Usuarios Cautivos, incluido el "Peaje" que se vende a los GUMA, GUME y GUPA.*

b) Pero ahora, el Cliente se encuentra con que la nueva facturación le viene igual que antes, o sea en función de 500 [kW], por lo que inicia una investigación del tema y encuentra que la suposición que hizo respecto del problema de homogeneidad, es falso, dado que el vendedor minorista no desarrolla el proceso de medición, cálculo y registración de la potencia eléctrica como estimó el Cliente sino que lo hace mediante el método de Bloque Deslizante. Y por lo tanto, las técnicas de avanzada utilizadas por el Cliente son aprovechadas por el vendedor quien compró al MEM una cantidad de alrededor de 400 [kW] y facturó a su Cliente la cantidad de 500 [kW] como máxima potencia eléctrica promedio.

En síntesis, una misma demanda, vista por dos medidores/registradores en cascada y coherentes en cuanto a la medición/registración, miden y registran los mismos valores de potencia eléctrica.

Por el contrario, si ambos medidores, el de compra y el de venta están con programas distintos, medirán y registrarán distintas potencias eléctricas.

Ejemplo 2:

Si de un archivo se toma el consumo efectuado por diversos tipos de Usuarios de todo un País, exceptuando el consumo residencial y agregando el 50 % del consumo comercial, resulta aproximadamente en 2.572.159 [MWh/mes]. A partir de este paquete de energía se calcula la potencia eléctrica.

La potencia media demandada por mes sería igual a 3.572 [MW].

Ahora bien, si se toma que el 50% de la demanda es en Baja Tensión y el otro 50% en Media Tensión, se tendría: 1.786 [MW] de demanda en BT y 1.786 [MW] en Media Tensión.

Y suponiendo una tarifa aproximada de 25 [$/kW-mes] en Baja Tensión y 15 [$/kW-mes] en Media Tensión, resultan las cifras monetarias siguientes:

- 44.655.538 [$/mes] de Facturación por la potencia eléctrica en Baja Tensión, y
- 26.793.323 [$/mes] de Facturación por la potencia eléctrica en Media Tensión.
- En total, 71.448.861 [$/mes] de Facturación por toda la potencia eléctrica vendida (contratada o registrada o la mayor de las dos).

a) Compra y Venta en Bloque Fijo:

Si hay coherencia en las mediciones/registraciones tanto en el medidor de compras como en el de ventas, la cantidad monetaria de 71.448.861 [$/mes] fruto de las ventas minoristas es también, la cantidad monetaria que se paga al MEM por la compra mayorista.

b) Compra en Bloque Fijo y Venta en Bloque Deslizante:

Si no existe coherencia en la medición/registración y suponiendo que como consecuencia de esto hay una captura de las curvas de cargas que elevan los registros aproximadamente un 10% más de potencia eléctrica, por parte del vendedor minorista en el MEm, la nueva potencia media registrada para facturación por mes sería aproximadamente igual a 3.930 [MW].

Si se toma que el 50% de la demanda es en Baja Tensión y el otro 50% en Media Tensión, se tendría: 1965 [MW] de demanda en BT y 1965 [MW] en Media Tensión.

Ahora, con los mismos valores tarifarios antes mencionados, se obtendrían las cifras monetarias siguientes:

- 49.121.092 [$/mes] de Facturación por la potencia eléctrica en Baja Tensión, y
- 29.472.655 [$/mes] de Facturación por la potencia eléctrica en Media Tensión.
- En total, 78.593.747 [$/mes] de Facturación por toda la potencia eléctrica vendida (contratada o registrada o la mayor de las dos).

Las diferencias por las transacciones, solamente de potencia eléctrica, resultan igual a:

- Para 1 mes: 7.144.886 [$]
- Para 1 año   85.738.633 [$]

Los resultados muestran que al no haber coherencia en los procesos de medición, cálculo y registración de la potencia eléctrica, el vendedor minorista se beneficia de manera extraordinaria a expensas del Cliente. En otras palabras, la transacción comercial es incorrecta.

Entonces, para que los Usuarios vean los resultados de sus acciones sobre las cargas eléctricas en cuanto a "disminuir la facturación de potencia", debe cumplirse el criterio de coherencia en los procesos tanto de compra como de ventas.

Los ejemplos valen tanto para una transacción entre un Usuario cautivo de mediana o gran demanda y un Vendedor distribuidor o Vendedor generador o Vendedor intermediario. Idem para un gran Usuario que compra Peaje.

Lo correcto es que tanto la compra de potencia eléctrica como la venta se efectúen con el mismo método de medición y registración, es decir, utilizándose en ambos extremos el método definido por CAMMESA para registrarle la potencia promedio a los Agentes del MEM.

Por otra parte, es correcto que las distribuidoras, que no solo abastecen a Usuarios cautivos de medianas y grandes demandas sino que también venden "peaje" y que administran las redes de distribución, utilicen el método de Bloque Deslizante para medir, calcular y registrar la potencia promedio, siempre y cuando la utilicen como magnitud indicadora de la "demanda máxima" sobre los diversos segmentos de la red de distribución. Este método debería aplicarse cuando se realizan por ejemplo, Campañas de Medición para revisar las tarifas o para dimensionar las redes, es decir, para dimensionar la capacidad de las redes y no cuando se efectúa una transacción comercial por los productos de la energía eléctrica.

En el caso de Usuarios cautivos, no es justo que, reconociendo a través de las tarifas el 100 % del costo económico en que incurren las distribuidoras en su compra mayorista -pass trhough- (Precio unitario = costo MEM + VAD), éstas vendan al MEm trasladando cantidades mayores y por supuesto costos mayores.

Las Distribuidoras deben obtener su rentabilidad por medio del VAD únicamente.

En otras palabras, si se compran 10 litros de aceite en un solo envase de 10 litros, con seguridad se podrán llenar 10 botellas de aceite de 1 litro cada una, para revender. De la misma forma si compro una pieza de 10 kg de carne vacuna, con garantía se podrán obtener 10 trozos de carne de 1 kg cada uno, para revender. Y, ¿porqué no se respetan estos principios con la energía eléctrica?; ¿acaso la energía eléctrica (potencia y energía eléctrica propiamente dicha) no es un bien comercializable?

El hecho de que el Usuario requiera información sobre el tema, no solo sobre cuánto demanda sino también sobre cómo se le mide dicha demanda, es esencial a los fines de que pueda tomar decisiones para gestionar la carga eléctrica y en lo posible disminuir su facturación.

Supongamos la siguiente situación ficticia: Si para los medidores/registradores de compra/venta mayorista se elige la programación con la opción Bloque Deslizante, resultará que siempre se compra la máxima potencia eléctrica promedio, quedando para los medidores/registradores de ventas minoristas y peaje dos opciones de programación:

> Con la opción Bloque Deslizante: En este caso, tanto las compras como las ventas se efectúan con la misma opción resultando una misma y máxima potencia eléctrica promedio, tanto en la compra como en la venta. Las

Distribuidoras no ganarían ni perderían en la facturación.

> Con la opción Bloque Fijo: Si el Usuario utiliza todas las técnicas de avanzada para "disminuir la facturación de la potencia eléctrica", la potencia eléctrica promedio registrada en la venta resultará inferior a la máxima (e inferior a la comprada), con lo cual las distribuidoras perderían en la facturación porque facturarían una cantidad menor a la comprada.

Por lo tanto, y para que de un lado como del otro, no haya diferencias económicas en la facturación, lo justo es que las opciones de los medidores/registradores sea de compra sea de ventas, se programen con la misma opción, es decir, con la opción definida por CAMMESA para medir, calcular y registrar la potencia eléctrica promedio.

La elección de CAMMESA es una opción clara en donde los intervalos de tiempo, al ser fijos, desarrollan los procesos de determinación de la potencia eléctrica promedio a partir de una superficie calculada fija y, no como en los intervalos deslizantes (ventana deslizante) en donde la ventana corre tras la demanda hasta captar la máxima superficie para calcular la potencia promedio.

LO QUE DEBE EXPLICITARSE EN LOS INSTRUMENTOS REGULATORIOS

Para salvar los problemas originados en la falta de coherencia de los métodos de medición, cálculos y registración de la potencia eléctrica tanto en las compras como en las ventas, debería detallarse en los respectivos "instrumentos regulatorios" tanto de la actividad del transporte de energía eléctrica (cuando esta existe) como de la actividad de distribución, las condiciones técnicas a cumplir por los aparatos electrónicos de medición/registración como las siguientes:

- Los tipos de medidores/registradores a instalarse.
- El ancho de los intervalos y sub-intervalos de tiempo sobre los cuales se medirá, calculará y registrará la potencia eléctrica promedio.
- Tipo de software y las opciones de programación con que se equiparán los aparatos.
- El efecto de cada una de las opciones alternativas de programación en la medición/registración de la potencia promedio.
- El estado inicial de instalación en cuanto a la opción de programación asignada.

CAPÍTULO 7
UN NUEVO PARÁMETRO A CONSIDERAR
EL CONTROL "H"

Resulta que en el camino de las aplicaciones de los conceptos vistos anteriormente, se comprueba que si bien se puede lograr una medición/registración correcta para evitar sobrefacturación, existe todavía la posibilidad de obtener mayores beneficios a partir de la gestión y el control de la carga eléctrica. Con ambas cosas, igual opción de programación (coherencia) y óptimo control de la carga eléctrica (Control "H"), se puede inferir que los beneficios serían apreciables.

Se sabe, por un lado, que el método de Bloque Fijo establece de manera definitiva el intervalo de tiempo de cada uno de los bloques de medición y, asegura en cada bloque, un solo valor de superficie encerrada y cálculo de la potencia eléctrica promedio. Posteriormente se realiza la registración o almacenamiento siempre y cuando el valor reciente sea mayor que el almacenado con anterioridad.

También, se conoce que la curva de carga de un transitorio puede caer totalmente o parcialmente dentro de un intervalo definido en Bloque Fijo, dependiendo de "cuándo" se lo lance, es decir en qué tiempo se lanza el arranque del proceso que demanda potencia eléctrica. Si el transitorio desarrolla una parte dentro de un bloque, el resto del transitorio lo hará dentro del bloque siguiente, por lo que la "potencia eléctrica promedio de 15 minutos" de cada uno de esos bloques no resultará en la máxima pertinente al transitorio que se trata. Pues, la máxima "potencia eléctrica promedio de 15 minutos" se dará cuando el proceso transitorio se desarrolle totalmente dentro de un bloque.

En el método por Bloque Deslizante al final del mes únicamente se habrá almacenado la máxima "potencia eléctrica promedio de 15 minutos", y que se genera al poco tiempo de comenzado el transitorio. En cambio, una programación por Bloque Fijo almacenará el valor mayor de las dos potencias promedios de 15' calculadas para los dos intervalos consecutivos en los cuales se distribuyó la superficie del transitorio de arranque. Pues no será la máxima almacenada por el método de Bloque Deslizante.

En relación al lanzamiento de un proceso transitorio, sea cual sea el tiempo o instante en que se lo lance, como sucede a diario en las plantas de producción, siempre la potencia eléctrica promedio calculada será la máxima de todas si el medidor/registrador está programado en Bloque Deslizante. Por el contrario, si la programación es en Bloque Fijo, sí interesa el tiempo o instante de lanzamiento de un proceso transitorio en el cálculo de la potencia promedio.

De esto se rescata que hay un nuevo parámetro que se suma al análisis, que es **el tiempo o instante de lanzamiento de los procesos transitorios** y que no es otra cosa que **El Control "H" de la curva de carga eléctrica**, en oposición a "El Control Vertical" (*) de tales curvas.

(*) El Autor denomina "Control Vertical de la Curva de Carga Eléctrica" a todo estudio y aplicación de tecnologías que

modifiquen o atenúen verticalmente a las curvas de cargas eléctricas. Y Control "H" o Control Horizontal a toda aplicación técnica que se refiera al control del tiempo de lanzamiento de los procesos productivos que demandan potencia eléctrica, más precisamente, al control del lanzamiento de las curvas de cargas eléctricas con el objeto de disminuir la registración y la facturación de este rubro.

Esto explica la exteriorización de algunos Usuarios en cuanto mencionaron alguna vez, que a pesar de que habían logrado la coherencia en los métodos (cambio de programación en su medidor/registrador), no siempre se reflejaba en su facturación, la correspondiente disminución económica.

En otras palabras, algunas empresas iniciaron estudios con el fin de disminuir la facturación de la potencia eléctrica pero están detenidas en lo que se denomina **coherencia en las mediciones y registraciones de la potencia eléctrica para facturación**, y no implementaron la segunda parte que se relaciona con **El Control "H" de las curvas de cargas eléctricas**. La razón es que esta segunda parte no está difundida todavía y es fruto del presente trabajo.

Son diversas y variadas las formas que existen para controlar o regular la potencia eléctrica que demanda un cierto consumo o proceso de fabricación y comenzando por el simple control de la tensión aplicada hasta los complejos variadores de potencia que regulan el tiempo y el ángulo de paso de la corriente eléctrica. Todos, de alguna manera influyen sobre la forma de la curva de carga del elemento demandante.

Si bien no todas las formas de control de la potencia eléctrica están incluidas en la descripción anterior, se procura al menos, que los métodos tradicionales lo estén, formando parte de lo que se ha denominado **control vertical de la curva de carga eléctrica**.

Pues bien, si mediante un mecanismo adecuado se logra que el lanzamiento o desarrollo de un proceso transitorio de potencia eléctrica se desarrolle a partir de un determinado tiempo exactamente definido, entonces se estaría en condiciones de controlar la "magnitud" de la potencia promedio de 15 minutos, por lo tanto su registración y lo que es más, la facturación de este rubro, si la opción de programación minorista es la de Bloque Fijo.

Ya se dijo que si la superficie de la curva de carga de un proceso transitorio de potencia eléctrica se desarrolla totalmente dentro de un intervalo de Bloque Fijo, la potencia promedio de 15 minutos será máxima y única para ése transitorio, por lo que, si a la misma superficie se la desarrolla de tal forma que la mitad se explaye en un intervalo y la otra mitad en el siguiente intervalo, se estaría minimizando la potencia promedio de 15 minutos.

Las posibilidades de optimizar el control de la potencia eléctrica o más bien de gestionar la carga eléctrica debe ser un continuo diario, a tal punto de confrontar los beneficios de una disminución en la facturación frente a los costos de una modificación en los procesos de consumo y fabricación, si fuera necesario y posible. Pero, si el control de la potencia eléctrica se efectúa sin modificación de los procesos productivos, la implementación de ésta opción, la de control, es la de menores costos frente a cualquier otra alternativa de control de potencia eléctrica que persiga los mismos objetivos.

En otro sentido, y a partir de que se demostró que no debe utilizarse o no hace falta utilizar el método de Bloque Deslizante para la medición/registración de la potencia eléctrica en los aparatos electrónicos puestos a los Usuarios, resultará en beneficio para ellos la fabricación de medidores/registradores sin la incorporación de esa parte de la tecnología; en otras palabras, los aparatos a instalar a los Usuarios serían más baratos.

Para lograr una disminución en la registración y por lo tanto en la facturación de la potencia eléctrica, a partir del **Control "H" de las curvas de cargas eléctricas**, se deben implementar los siguientes pasos:

1. **Homogeneizar** los métodos de medición, cálculo y registración de la potencia eléctrica. La referencia es la opción de programación implementada por CAMMESA (Bloque Fijo).

2. **Investigar** todos aquellos procesos o etapas de un proceso que impliquen "oportunidades de eficiencia", y que posiblemente lleven a una disminución de la registración de la potencia eléctrica. Es decir detectar "oportunidades de alta eficiencia".

3. **Analizar** una por una las "oportunidades de alta eficiencia" buscando se aproveche la misma sin perturbar los parámetros de producción.

4. **Controlar** el tiempo o instante de lanzamiento de cada proceso para aprovechar las "oportunidades de alta eficiencia".

5. **Optimizar** el control horizontal, en la búsqueda del mínimo registro de la "potencia eléctrica promedio de 15 minutos", procurando que las superficies de las curvas de cargas de los transitorios de arranque se repartan equitativamente entre dos intervalos consecutivos. Esto se corresponde con la ejemplificación expuesta.

6. **Mantener** en los técnicos y profesionales responsables del control de los procesos productivos, un constante incentivo para la búsqueda de las "oportunidades de alta eficiencia".

7. **Saber** que los resultados dependerán, en su mayor parte, del nivel de tecnología a utilizarse y de la idoneidad y habilidad de los hacedores de soft y hard de los tableros de comando para dominar el lanzamiento de los procesos transitorios, y que el nivel de disminución de la facturación del rubro, puede alcanzar el 50% (cincuenta por ciento) cuando se trata de pulsos esporádicos de consumo.

CAPÍTULO 8
APROVECHAMIENTO DE LAS OPORTUNIDADES DE EFICIENCIA 1

LAS REGLAS DE JUEGO

Los Usuarios habrían recibido muchos beneficios si se hubieran aprovechado las ventajas de la **coherencia en las mediciones y registraciones de la potencia eléctrica para facturación**, al inicio de "La Transformación del Sector Eléctrico Argentino" (*) que tuvo lugar en el año 1991.

(*) Tras investigar los diversos sucesos del Sector Eléctrico, el Autor ha publicado el Artículo: MAS DE 100 AÑOS DE EVOLUCION DEL SECTOR ELECTRICO EN ARGENTINA (Hechos de fines del siglo XIX y del siglo XX). Revista CET Nº 17 de la Facultad de Ciencias Exactas y Tecnología de la Universidad Nacional de Tucumán.

En diversas publicaciones, se da un panorama de los resultados del Sector Eléctrico Argentino en cuanto a la conformación del MEM, los Principios Tarifarios, las Características de un Servicio Público de Energía Eléctrica, y sobre los Grandes Usuarios, con el solo fin de mostrar que en ninguna parte de los Instrumentos Regulatorios vigentes se especifica sobre "cómo se mide y registra" la potencia eléctrica.

Se define como "**oportunidades de alta eficiencia**" a toda posibilidad de disminuir la registración de la potencia promedio de 15 minutos y la facturación de la potencia eléctrica, en cualquier proceso productivo o segmento de un proceso, a partir del estudio de la composición de las curvas de cargas totales y del análisis de las curvas de cargas parciales (de una línea de producción, entre líneas de producción y entre plantas de producción), de la relación con los procesos productivos, del estudio de la simultaneidad de las cargas y de la simultaneidad de los lanzamientos de procesos, de las corrientes demandadas en los transitorios y de los tiempos insumidos en los mismos. Todo esto para líneas de producción y plantas de producción que deriven de un solo medidor/registrador; y así para cada medidor/registrador.

Aprovechar las **"oportunidades de alta eficiencia"** significa, disminuir concretamente la registración de la potencia promedio de 15 minutos y la facturación de la potencia eléctrica a partir de la aplicación del **Control "H" de las curvas de cargas eléctricas**. Es sabido que no todas las **"oportunidades de alta eficiencia"** son aprovechables debido a la imposibilidad de controlar, en algunos casos, el lanzamiento de procesos sea por el pequeño tiempo de arranque, sea por el inconveniente de posponer lanzamientos porque alargan el proceso de arranque de una línea de producción, etc.

Primero hay que asegurar la **coherencia en las mediciones y registraciones de la potencia eléctrica para facturación** y luego aplicar el **Control "H" de las curvas de cargas eléctricas**, en todo punto donde sea posible aprovechar las **"oportunidades de alta eficiencia"**.

Debe quedar claro que mucha atención se debe volcar en el aparato medidor/registrador dado que allí están las particularidades relevantes que por falta de difusión de las reglas de juego en las transacciones comerciales relacionadas con la potencia eléctrica, los

Usuarios de los servicios no las conocen y por lo tanto no tienen la oportunidad de tomar decisiones para disminuir la facturación en cuestión. Ver figura 14.

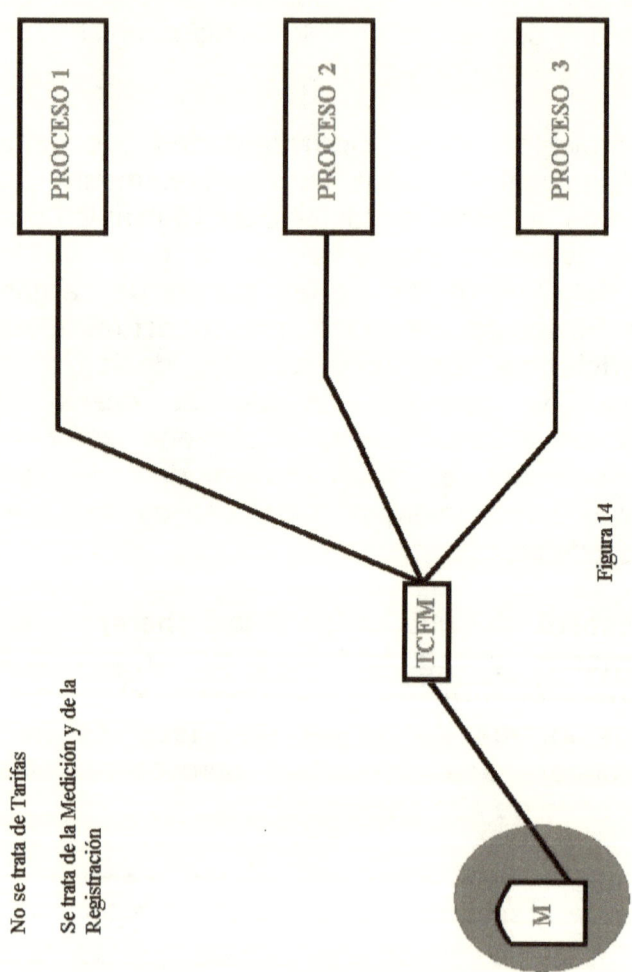

Figura 14

Las reglas de juego, por así decirlo, sumado a otros **conocimientos técnicos**, han permitido investigar la normativa vigente, la tecnología y las metodologías para disminuir la facturación de la potencia eléctrica, y son:

> ➢ Los aparatos electrónicos medidores/registradores no son iguales que otros instrumentos o aparatos para medir en la compra-venta de especies, es decir, tienen varias opciones, no así por ejemplo, las balanzas para pesar.

> ➢ CAMMESA ha adoptado para medir, calcular, registrar y facturar la potencia eléctrica el Método de Bloque Fijo, que es el más claro y adecuado para medir, calcular y registrar demandas de potencia, en períodos definidos por la Hora Oficial Argentina. Ver figura 15-a.

> ➢ El control de las curvas de cargas eléctricas no se agota en cuanto no se estudien los efectos de la simultaneidad de las curvas de cargas en procesos, en líneas de procesos, entre líneas de procesos y entre plantas de producción.

> ➢ El control vertical de las curvas de cargas eléctricas se aplica, entre otros, en referencia a la magnitud de la carga inicial, no siendo posible, por lo general, la eliminación total de los transitorios.

> ➢ El control vertical de las curvas de cargas eléctricas se realiza, en general, con

tecnologías que regulan la carga y el tiempo, en función del tipo de carga, o lo que es lo mismo decir en función de un dado paquete de energía a desarrollarse entre el reposo y la velocidad de trabajo de las máquinas eléctricas.

➢ La tecnología, dado el desarrollo que presenta, permite el control del lanzamiento de los procesos productivos con elevada precisión con el objeto de equilibrar las superficies encerradas bajo una curva de carga, entre dos intervalos consecutivos de 15 minutos, siempre y cuando los parámetros de producción lo permitan.

➢ La tecnología permite monitorear con precisión y abundante información las curvas de cargas eléctricas de procesos productivos, totales y parciales a los fines de conocer la composición y la relación entre curvas de cargas y las fases de los procesos productivos.

➢ Es posible que en algunos casos ya esté dada la condición de **coherencia en las mediciones y registraciones de la potencia eléctrica para facturación**, por lo que quedaría solamente detectar las "**oportunidades de eficiencia**" para luego aplicar el **Control "H" de las curvas de cargas eléctricas** donde sea factible aprovecharlas.

➢ El costo de las aplicaciones que tienen que ver con la **coherencia en las mediciones y**

registraciones de la potencia eléctrica para facturación y con el **Control "H" de las curvas de cargas eléctricas**, son insignificantes en comparación con el costo de las aplicaciones tecnológicas para el control vertical. A no ser que se quiera un control total de todas las curvas de carga.

LOS MEDIDORES ELECTRÓNICOS

Miden, Registran y Almacenan

Multitarifas

Control Horario

Potencia Promedio en Ventana o Bloque Fijo

Potencia Promedio en Ventana o Bloque Deslizante

Parámetros que interesan al Proveedor

Parámetros que interesan al Cliente/Usuario

Figura 15-a

80

La figura 15-b muestra una gráfica sintética de los resultados extraídos del monitoreo y del medidor.

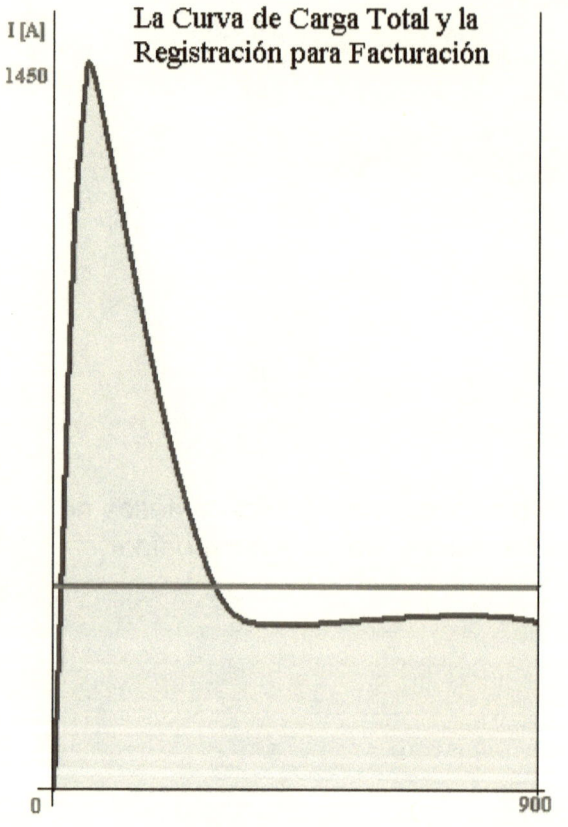

PP15'a=214 kW

IP15'a=344 A

Figura 15-b

Con más detalles, la figura 16 muestra las dos gráficas superpuestas, obtenidas de distintas fuentes, y son:

> Una, es la curva de carga total monitoreada a la salida del medidor, cuya superficie encierra una valor de energía que se desarrolló en el transitorio de arranque del proceso productivo analizado. También se dibujó la curva total modelada.

> La otra, es un rectángulo que encierra la misma magnitud de energía o superficie que la curva de carga total pero limitada por el valor de la PP15'a=214 [kW] obtenida del display de salida del medidor, o lo que es lo mismo IP15'a=344 [A].

Y con relación al análisis de la contribución de cada curva de carga parcial a la curva de carga total pero, desde el punto de vista de la potencia promedio registrada, se presentan las figuras 16, 17, 18, 19 y 20, que brindan abundante información.

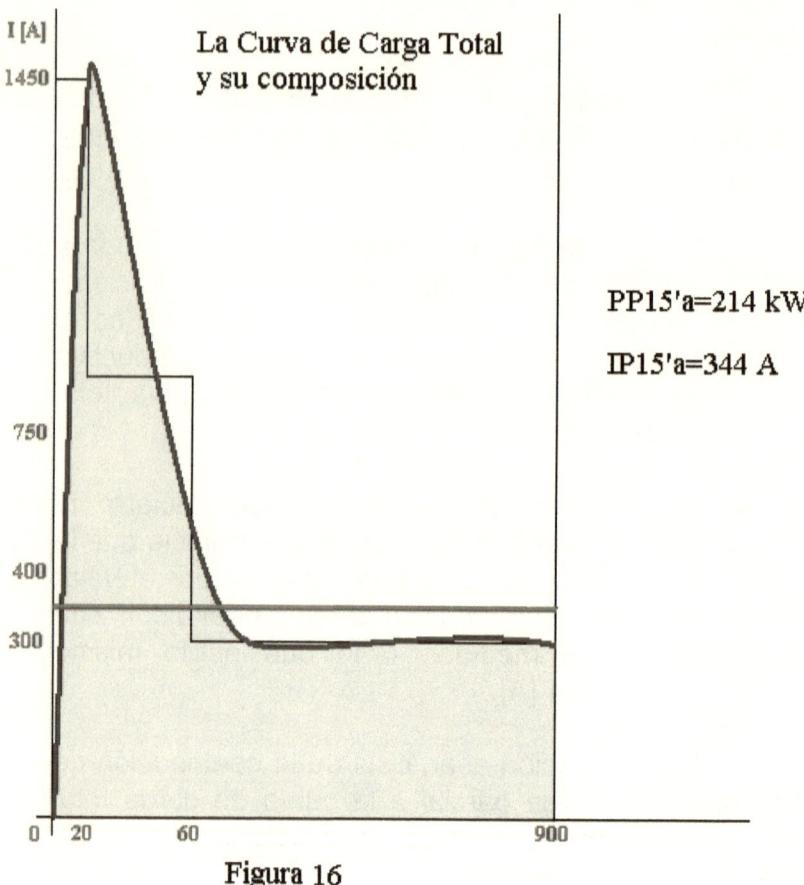

Figura 16

La figura 17 muestra la curva de carga total modelada y la carga promedio registrada por el medidor PP15'a=214 [kW] o lo que es lo mismo IP15'a=344 [A].

La potencia total promedio registrada de 15 minutos PP15'a=214 [kW], a los fines del ejemplo demostrativo, se compone linealmente con cada una de las potencias parciales promedios de 15 minutos, obtenidas a partir de la superficie encerrada (energía) en cada una de las curvas parciales modeladas, de cada proceso productivo.

La linealidad entre la potencia total y las parciales se puede demostrar, en una instalación o circuito compuesto de elementos pasivos, instalando medidores/registradores de control en cada una de las ramas de procesos productivos.

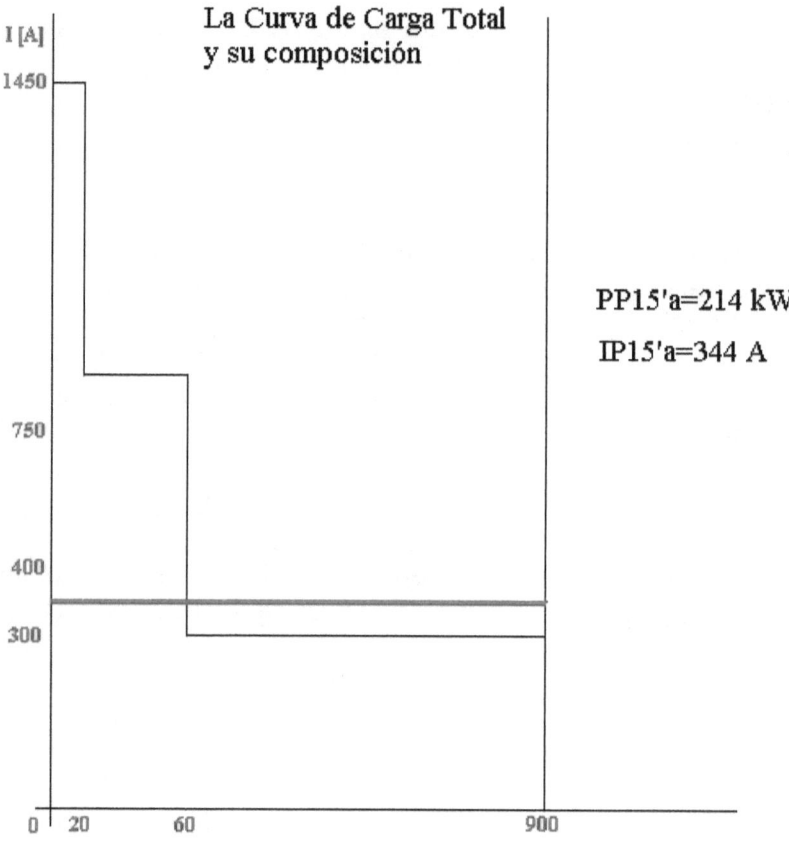

Figura 17

Interesa recordar que los lanzamientos de los procesos productivos (lp) se hicieron de manera simultánea y en el instante inicial donde comienza el período o intervalo de registración para facturación, de manera que todos los transitorios de arranques quedaron dentro de un solo intervalo.

La figura 18 muestra el primer pulso (750,20) lanzado (lp) en el instante inicial del período y la superficie encerrada (energía) se traduce en la PP15'a=10 [kW] o lo que es lo mismo IP15'a=17 [A], ambas calculadas.

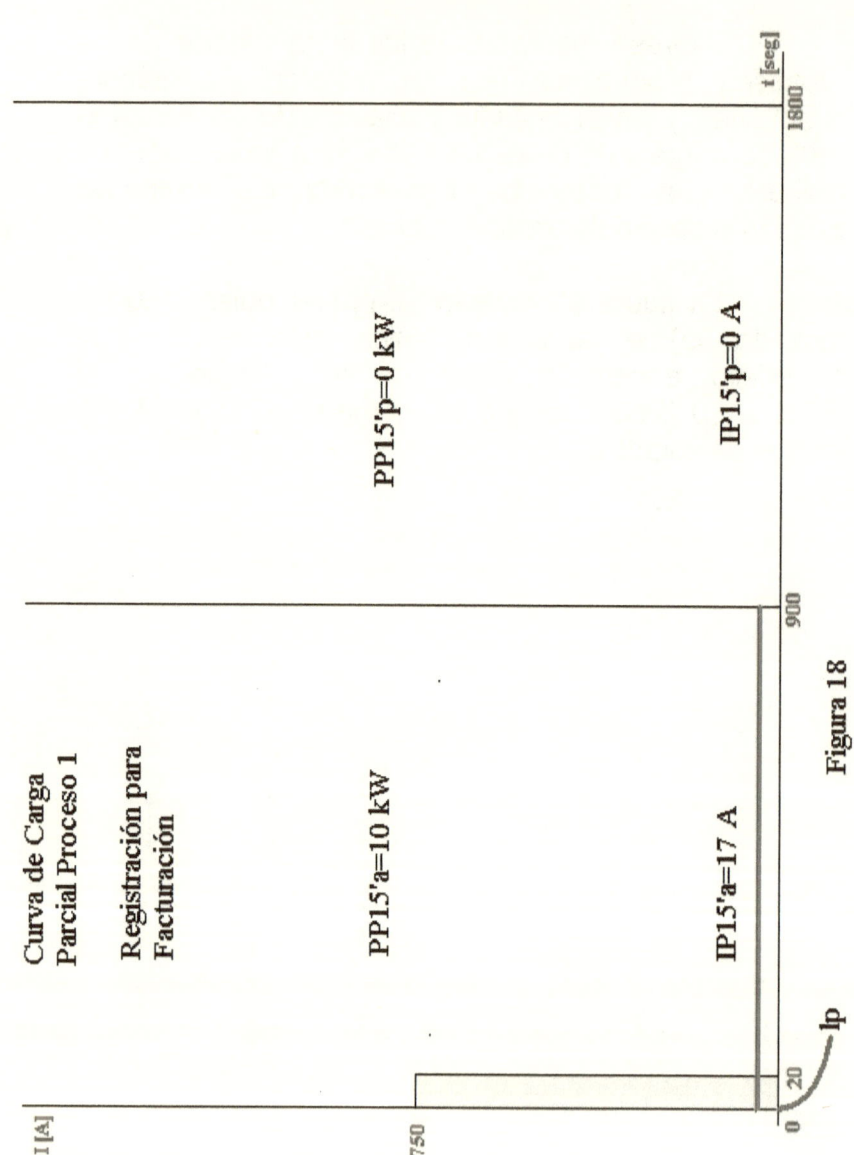

Curva de Carga
Parcial Proceso 1

Registración para
Facturación

$I [A]$

750

$PP15'a=10\ kW$

$PP15'p=0\ kW$

$IP15'a=17\ A$

$IP15'p=0\ A$

Ip

0   20

900

1800

$t [seg]$

Figura 18

88

La figura 19 muestra el segundo pulso (400,60) lanzado (Ip) en el instante inicial del período y la superficie encerrada (energía) se traduce en la PP15'a=17 [kW] o lo que es lo mismo IP15'a=27 [A], ambas calculadas.

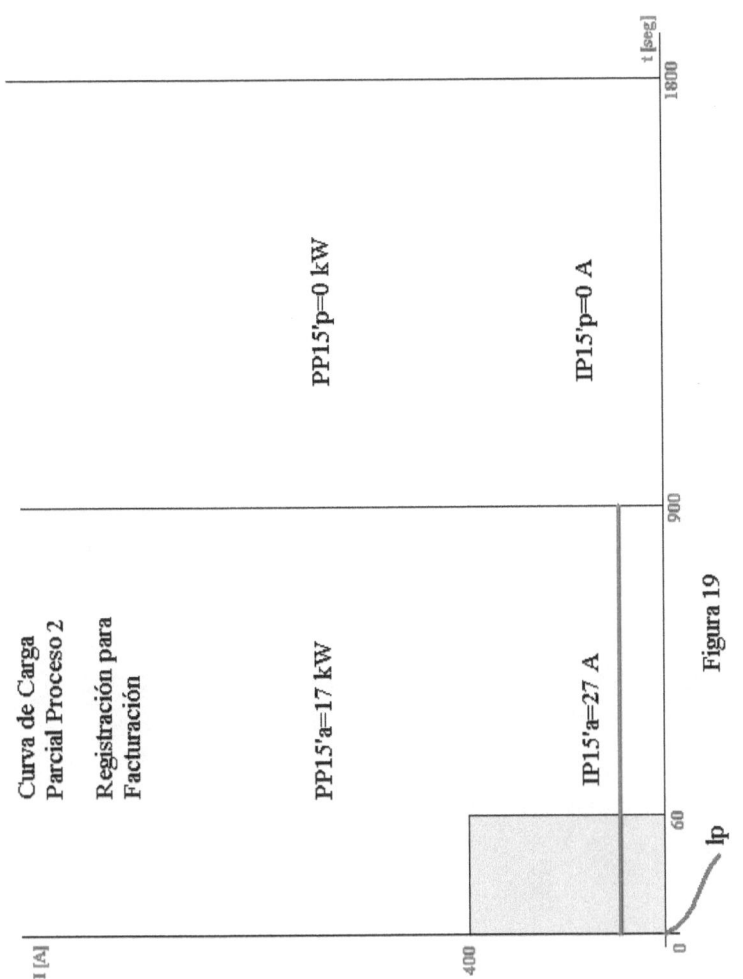

Figura 19

La figura 20 muestra la carga del tercer proceso (300,900) lanzado (Ip) en el instante inicial del período y la superficie encerrada (energía) se traduce en la PP15'a=187 [kW] o lo que es lo mismo IP15'a=300 [A], ambas calculadas.

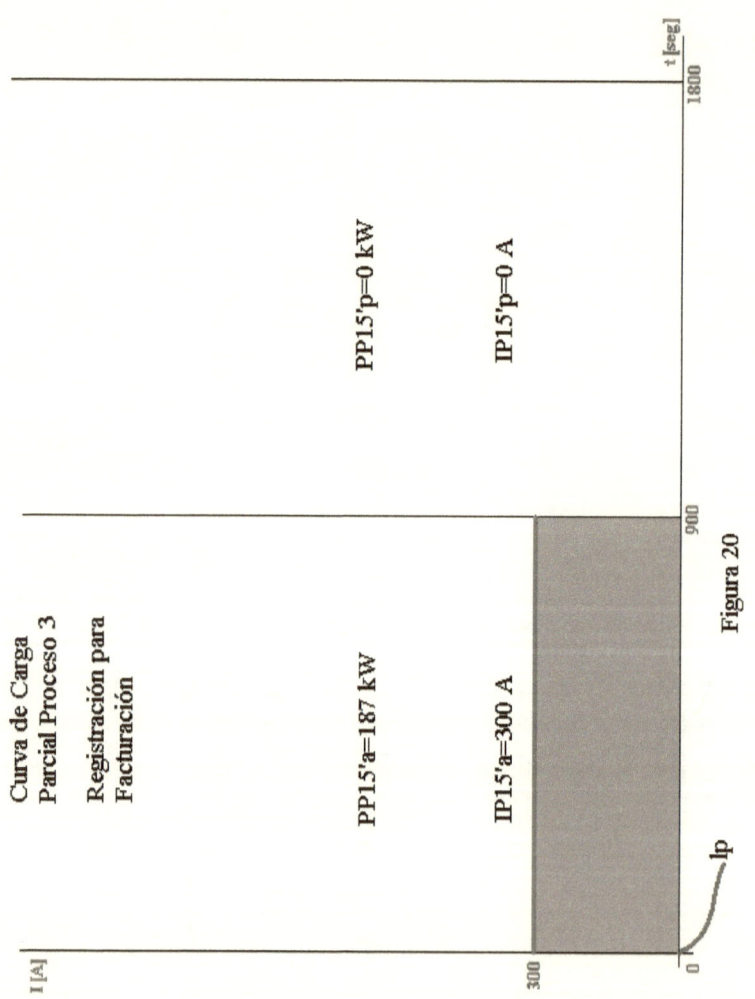

Figura 20

Obsérvese que:

$$PP15'a=214 \text{ [kW]} = 10 \text{ [kW]} + 17 \text{ [kW]} + 187 \text{ [kW]}$$

$$IP15'a=344 \text{ [A]} = 17 \text{ [A]} + 27 \text{ [A]} + 300 \text{ [A]}$$

Con esto se pretendió resolver la contribución de cada proceso productivo tanto a la curva de carga total como a la potencia promedio de 15 minutos, en adelante, se verá en detalles el análisis para encontrar las "**oportunidades de alta eficiencia**" y su aprovechamiento en pro de disminuir la facturación por el rubro potencia eléctrica.

De igual manera, en adelante se hará uso del segundo período o intervalo consecutivo de 15 minutos (entre los 900 y los 1800 segundos), a los fines de aprovechar las "**oportunidades de alta eficiencia**".

Continuando con el caso planteado, y a partir del **Control "H" o control horizontal de la curva de carga eléctrica**, de **las reglas de juego**, y otros **conocimientos técnicos**, se observan "**oportunidades de alta eficiencia**" en cada uno de los procesos productivos en cuanto, una redefinición de los tiempos de lanzamientos de los transitorios (Ip) y a la vez un ordenamiento de la "simultaneidad" de los procesos (que dentro de ciertos límites, no afecte a los parámetros de producción), lleven a una disminución de la registración de la potencia promedio y por lo tanto de la facturación correspondiente.

Así es que, al aprovechar las particularidades mencionadas, y trabajando sobre dos ventanas o intervalos consecutivos, se visualizan altas posibilidades de lograr los objetivos propuestos.

Como las curvas de cargas parciales modeladas son figuras claramente definidas en su forma, es decir, al inicio y al final, es más sencillo no solo el cálculo de las superficies encerradas (energía) sino también la distribución de la misma sobre las dos ventanas fijas consecutivas, como muestran las figuras 21, 22 y 23.

La relevancia de este paso está en la aplicación del **Control "H" de la curva de carga eléctrica** que se materializa mediante específicos Tableros de Control "H" de la curva de carga eléctrica (Tchcce), lo que se denomina el "hard del nuevo método" y es en este punto donde los hacedores de soft y hard deben extremar sus habilidades para implementar los comandos que exige el Control "H".

Hay muchos procesos productivos simples como el que se presenta en este trabajo y, el aprovechamiento de las **"oportunidades de alta eficiencia"** llevan los objetivos a un alto grado de cumplimiento y satisfacción. El ejemplo tratado (caso teórico) lleva a reducciones mayores al 50% (cincuenta por ciento) de la potencia eléctrica promedio de 15 minutos para registración y también una reducción de la facturación de este rubro, en igual medida.

Se observa que el impacto de la reducción de la facturación de la potencia eléctrica podría ser tan alto que podría decirse que "la temática" es tan efectiva que no debería decaer la búsqueda de las **"oportunidades de alta eficiencia"**. Asimismo, la reducción de los recursos utilizados en la producción de bienes impacta directamente en los "índices de productividad" de las empresas y por supuesto en "la competitividad".

Lo ideal, cualquiera sean las curvas de cargas eléctricas (pulsos o curvas continuas), es que se tienda a repartir las superficies sobre las dos ventanas fijas o intervalos, consecutivos.

En las figuras 21, 22 y 23, se repartieron las superficies en igual magnitud hacia ambos lados de las ventanas fijas, ventana anterior "a" y ventana posterior "p", por lo que las reducciones buscadas alcanzan exactamente el 50% (cincuenta por ciento).

Es cierto que también se pueden lograr valores menores que el 50% (cincuenta por ciento) en reducciones de la potencia promedio registrada para facturación, dependiendo principalmente del tipo de curvas de cargas de los transitorios, de las amplitudes de los mismos, de las amplitudes de las curvas en las zonas de trabajo (trabajo permanente, nominal) y de la distribución de las superficies entre las dos ventanas fijas consecutivas.

Tanto "lp" (lanzamiento de proceso) como "chcce" (control horizontal de la curva de carga eléctrica), indican el tiempo en el cual exactamente se debe lanzar o relanzar un proceso, siendo esta función temporal comandada desde el Tchcce (tablero de control), producto de la aplicación del Control "H" (control horizontal).

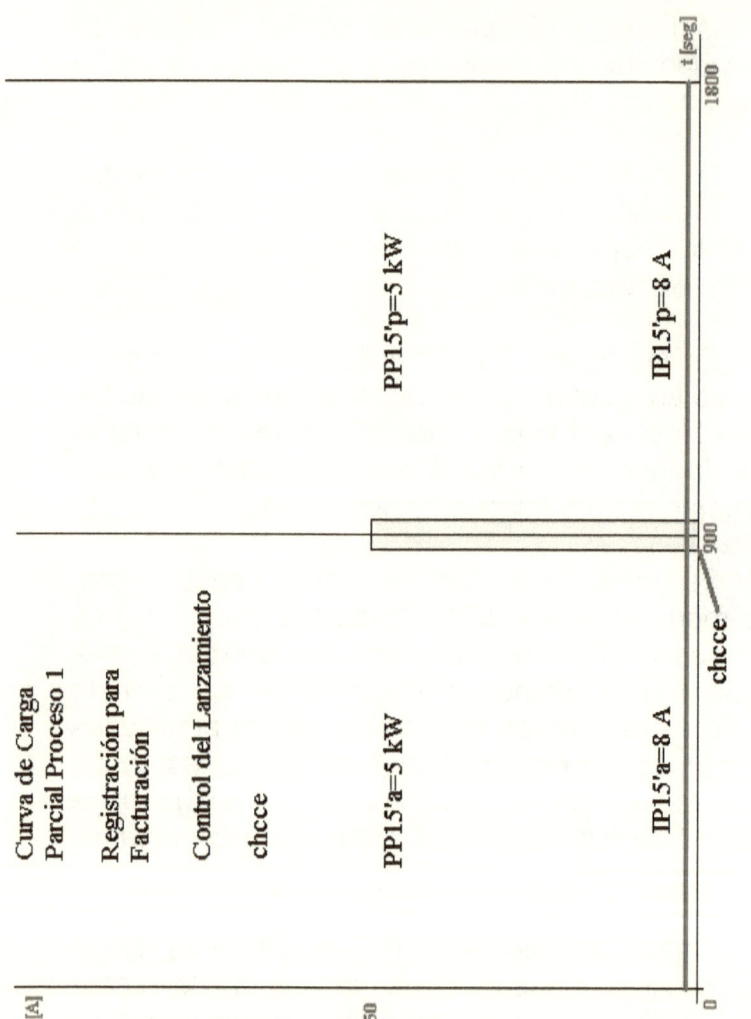

Figura 21

Para el primer pulso, se tiene:

PP15'a = PP15'p = 5 [kW]

IP15'a = IP15'p = 8 [A]

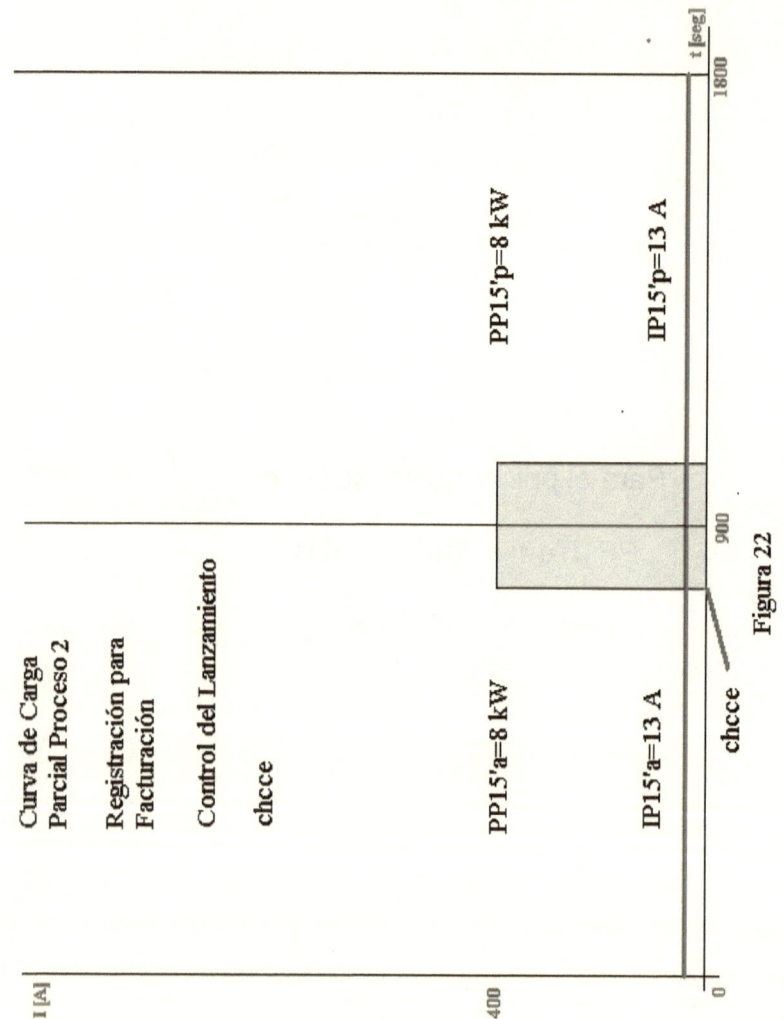

Figura 22

96

Para el segundo pulso, se tiene:

$$PP15'a = PP15'p = 8 \ [kW]$$

$$IP15'a = IP15'p = 13 \ [A]$$

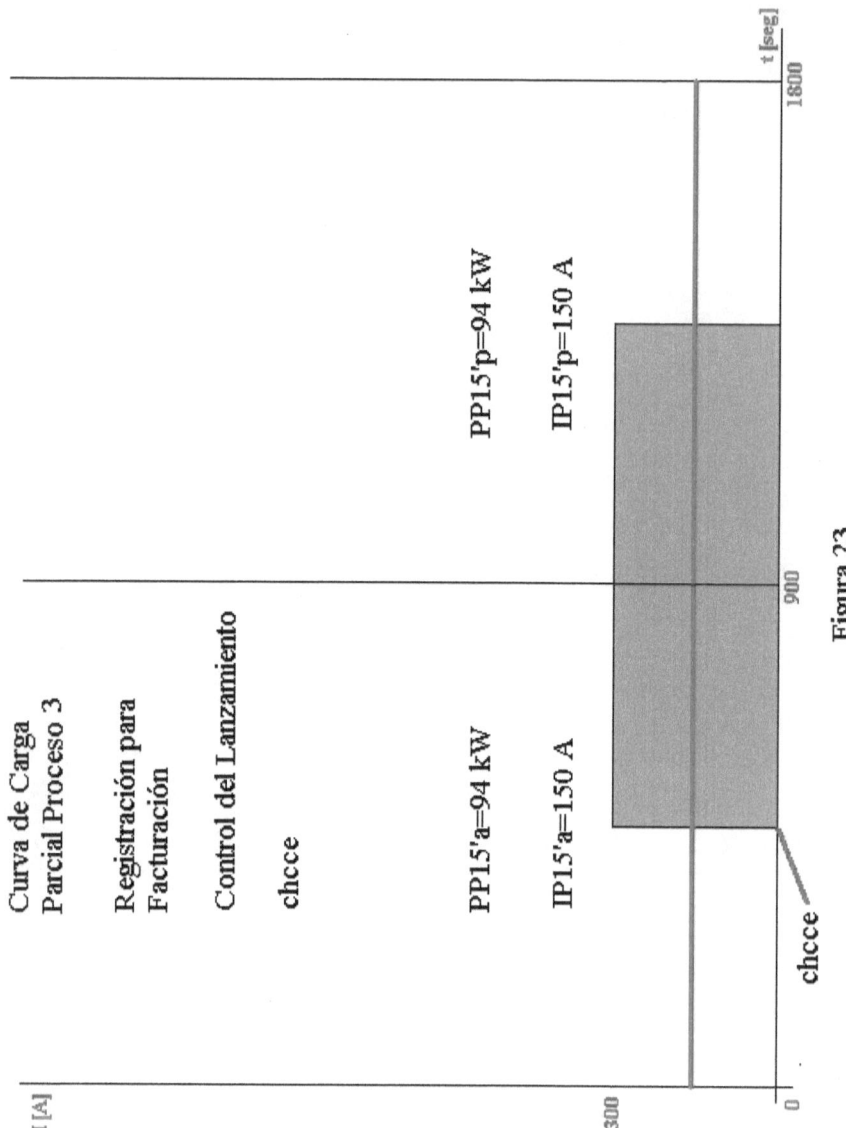

Figura 23

Para la tercera curva de carga modelada, se tiene:

$$PP15'a = PP15'p = 94 \text{ [kW]}$$

$$IP15'a = IP15'p = 150 \text{ [A]}$$

Obsérvese que:

$$PP15'a = 107 \text{ [kW]} = 5 \text{ [kW]} + 8 \text{ [kW]} + 94 \text{ [kW]}$$

$$IP15'a = 171 \text{ [A]} = 8 \text{ [A]} + 13 \text{ [A]} + 150 \text{ [A]}$$

Las diferencias se deben a redondeos en los cálculos.

También se observa como resultado del **Control "H" de las curvas de cargas eléctricas** que hay un orden distinto en cuanto al relanzamiento de los transitorios, los que se pueden controlar gracias al monitoreo de las curvas.

En lo siguiente y con la mirada puesta en la composición de la nueva curva de carga eléctrica, a partir de las curvas de cargas parciales modeladas y ahora Controladas, se presentan a continuación las figuras 24, 25, 26 ,27 y 28.

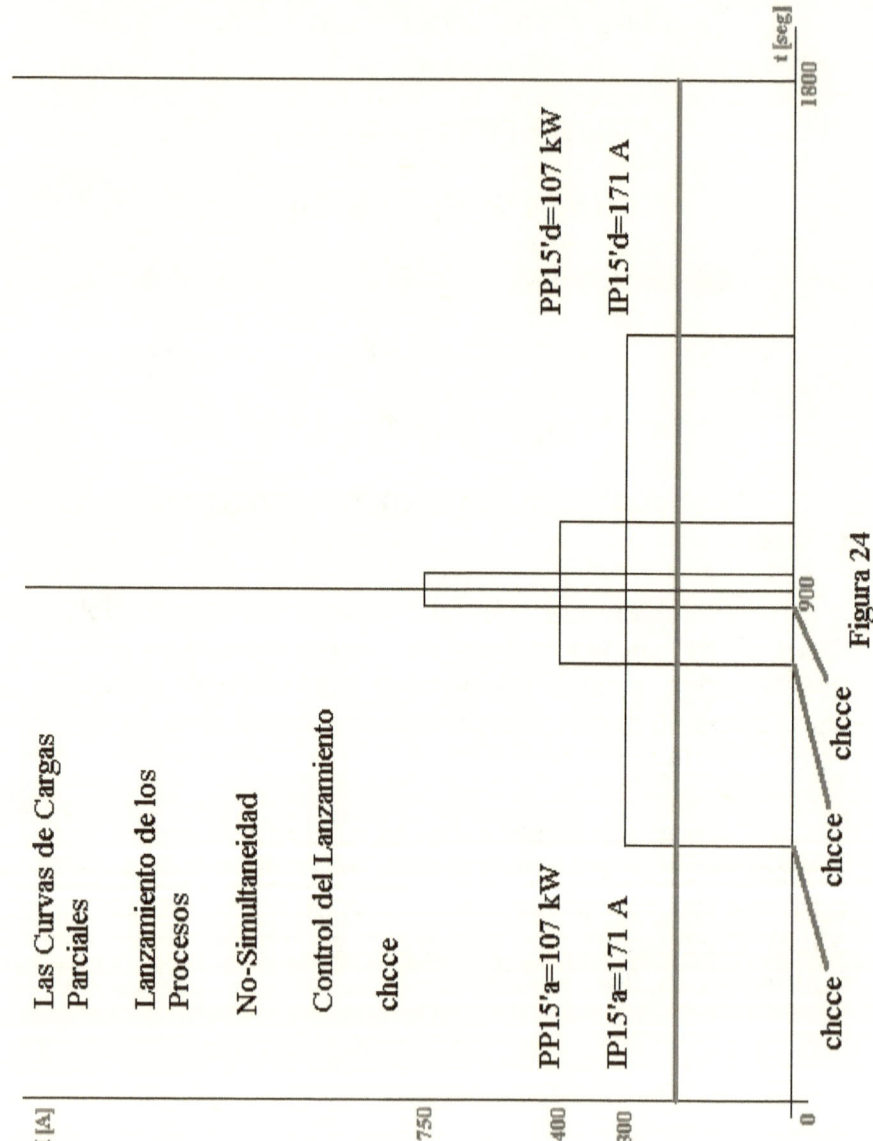

Figura 24

I [A]

Las Curvas de Cargas
Parciales

Lanzamiento de los
Procesos

No-Simultaneidad

Control del Lanzamiento

chcce

PP15'a=107 kW

IP15'a=171 A

PP15'd=107 kW

IP15'd=171 A

chcce   chcce   chcce   chcce

750

400

300

0   900   1800

t [seg]

100

La figura 24 tiene las curvas de cargas parciales centradas en la división de los dos intervalos consecutivos, de tal forma que las superficies encerradas sobre cada ventana tengan el mismo valor.

Resultando en cada una de las ventanas, como ya se ha visto anteriormente:

$$PP15'a = 107 \ [kW] = 5 \ [kW] + 8 \ [kW] + 94 \ [kW]$$

$$IP15'a = 171 \ [A] = 8 \ [A] + 13 \ [A] + 150 \ [A]$$

Siendo estos los valores que se registrarán en el aparato medidor/registrador, para facturación de la potencia eléctrica:

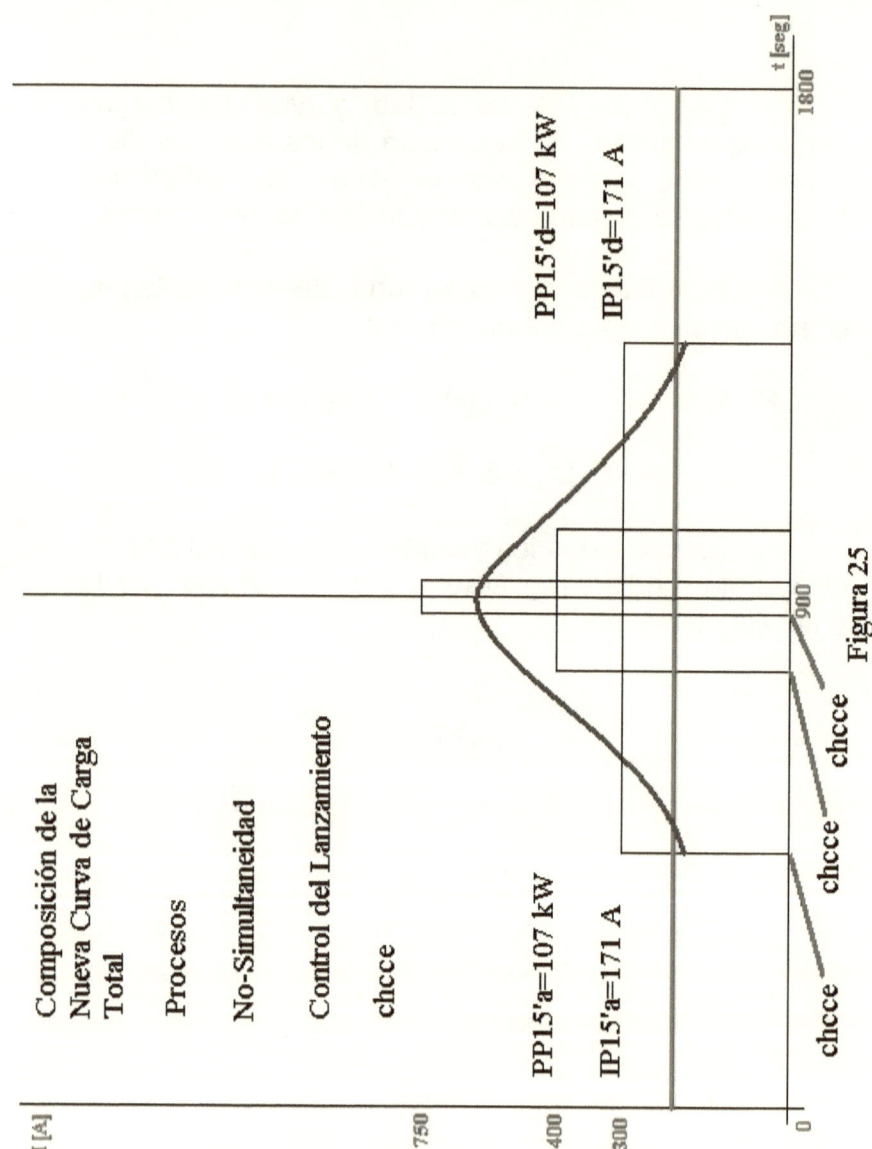

Figura 2.5

102

Como relevante se observa la No-Simultaneidad en el relanzamiento de los procesos productivos, dada la aplicación del **Control "H" de las curvas de cargas eléctricas**.

La nueva curva de carga total tiene una forma distinta a la monitoreada al comienzo del estudio de las "oportunidades de eficiencia" de la hipotética planta de producción (figuras 7 y 16).

Por supuesto que una vez implementado el Control "H" y realizado el monitoreo a la salida del medidor, la forma de la nueva curva de carga total será igual a la forma que tiene en la figura 25.

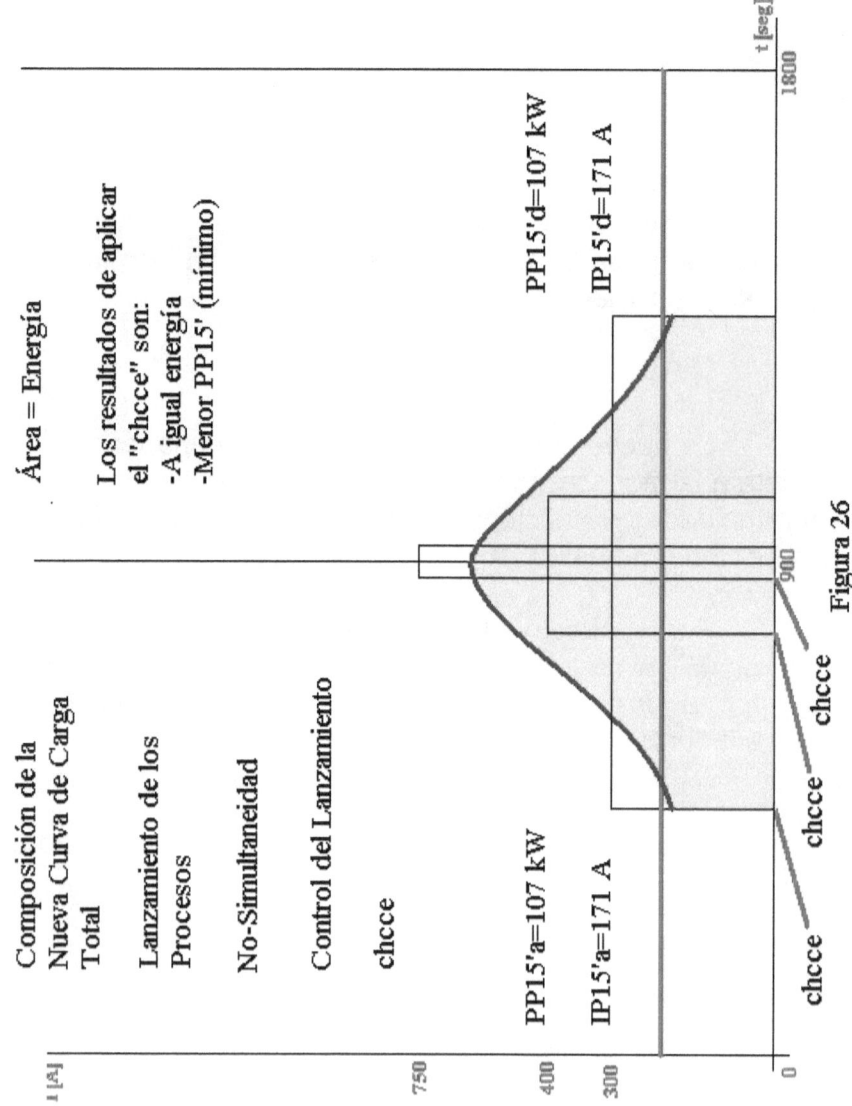

Composición de la Nueva Curva de Carga Total

Lanzamiento de los Procesos

No-Simultaneidad

Control del Lanzamiento

chcce

PP15'a=107 kW

IP15'a=171 A

Área = Energía

Los resultados de aplicar el "chcce" son:
-A igual energía
-Menor PP15' (mínimo)

PP15'd=107 kW

IP15'd=171 A

chcce   chcce   chcce

Figura 26

t [seg]

1800

900

I [A]

750

400

300

0

104

La figura 26 muestra más claramente la nueva curva de carga total y como concepto general se dice que: A igual desarrollo de la energía, en el proceso de arranque o movimiento de la carga mecánica, con la aplicación del Control "H" se obtiene una menor PP15'.

Ahora bien, en particular y para los tipos de curvas del caso que se trata, la PP15' resulta la "mínima" posible, llevando la reducción hasta el 50% (cincuenta por ciento) y con la misma reducción en la facturación del rubro.

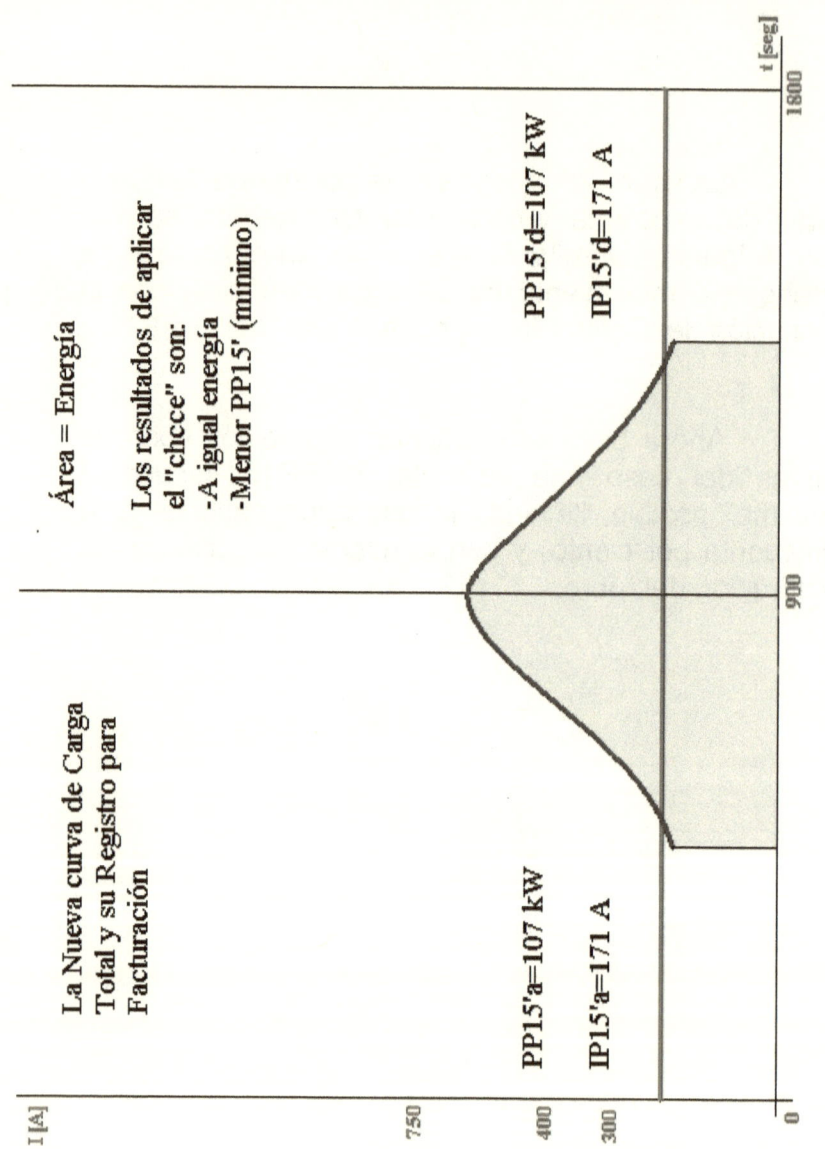

La Nueva curva de Carga Total y su Registro para Facturación

Área = Energía

Los resultados de aplicar el "chcce" son:
-A igual energía
-Menor PP15' (mínimo)

PP15'a=107 kW

IP15'a=171 A

PP15'd=107 kW

IP15'd=171 A

Figura 27

106

La figura 27 y su similar, la figura 15-b, se diferencian en que entre ellas está el **Control "H" de las curvas de cargas eléctricas** cuyos resultados son:

$$PP15'a = 214 \ [kW]$$

$$IP15'a = 344 \ [A]$$

Contra:

$$PP15'a = PP15'p = 107 \ [kW]$$

$$IP15'a = IP15'p = 171 \ [A]$$

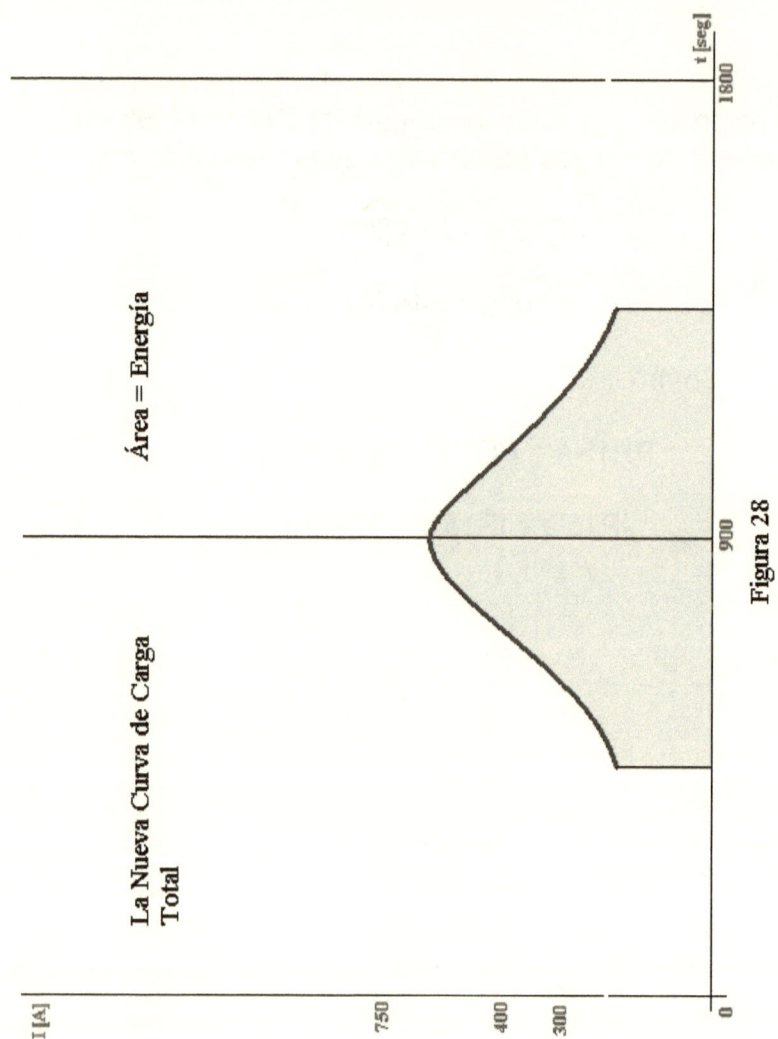

Figura 28

La figura 28 tiene semejanzas con su similar, la figura 6, en que ambas encierran la misma superficie (energía) y, que ambas se obtienen por monitoreo a la salida del Medidor.

La simetría de la curva de carga total respecto de ambos intervalos, se debe únicamente a la forma de las curvas de cargas parciales, y como éstas son todas simétricas respecto del mismo eje, la curva resultante también lo es (figura 29).

Pero esta particularidad no existe cuando las curvas de cargas de los procesos productivos consumen energía no solo en los transitorios sino además en régimen de trabajo (curvas asimétricas, como se verá más adelante).

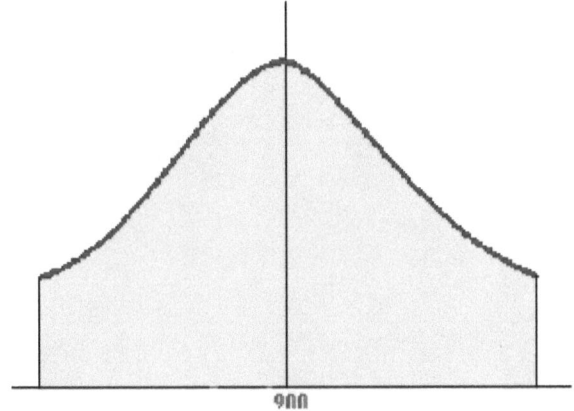

Figura 29

La aplicación del Control "H" crea una nueva rama en las técnicas del control de máquinas eléctricas de potencia, porque se plantea con un enfoque económico directo, a partir de los conceptos, que quizás antes no fueron tenidos en cuenta, como el lanzamiento de los procesos transitorios, el ordenamiento de la simultaneidad de las cargas, el ordenamiento de los consumos de energía eléctrica, entre otros.

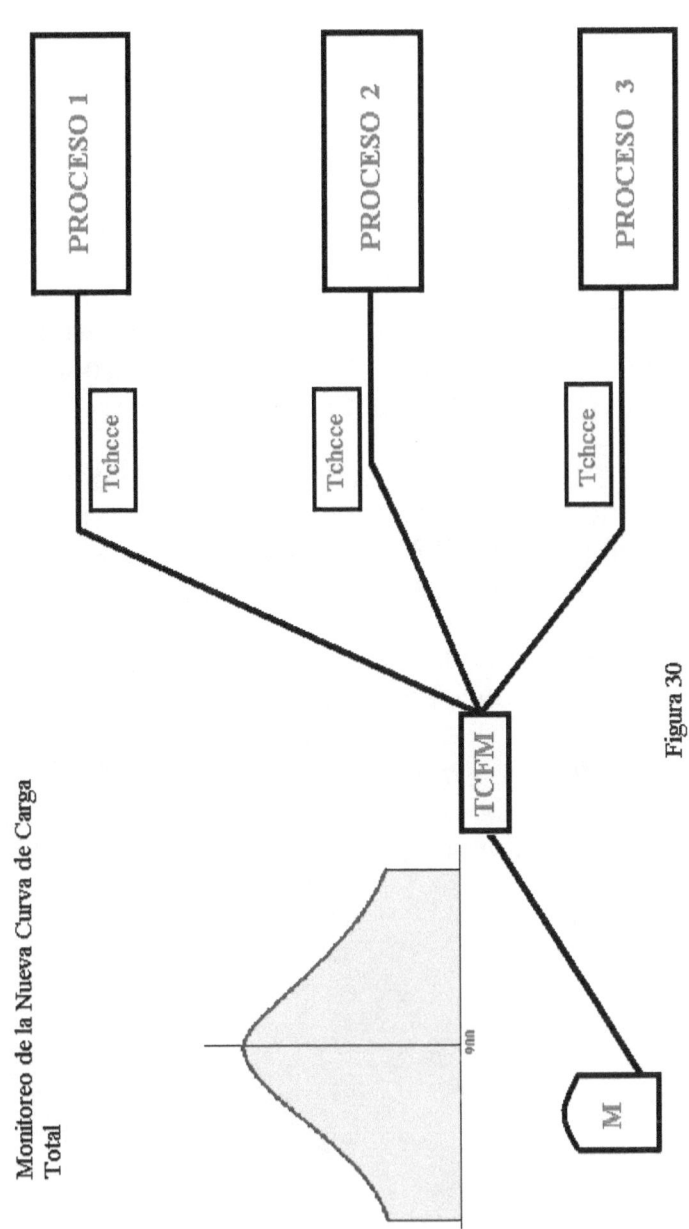

Monitoreo de la Nueva Curva de Carga Total

Figura 30

111

La figura 30 se diferencia de su similar figura 4, en que los resultados del monitoreo a la salida del medidor presenta una curva de carga total simétrica, de igual superficie pero, más achatada.

Ya se dijo que después de aplicarse el Control "H", la potencia promedio registrada y la facturación del rubro se reducen al 50% (cincuenta por ciento), debiéndose esto reflejar en la facturación periódica y por todos los períodos venideros, siempre y cuando no haya alteraciones o modificaciones importantes en el consumo de energía de los procesos productivos.

La figura 31 muestra un resumen de la facturación donde el rubro potencia se redujo a la mitad de lo facturado antes de la aplicación del Control "H" en la figura 1.

FACTURA DEL SERVICIO DE ENERGÍA ELÉCTRICA

CARGO FIJO	$ 250
POTENCIA	$ 3.750
ENERGÍA	$ 1.250

Figura 31

Si tomamos el total de la factura inicial igual a $9.000, y la nueva facturación igual a $5.250, se obtiene una reducción de casi el 42% (cuarenta y dos por ciento), como consecuencia de una disminución de la potencia promedio del 50% (cincuenta por ciento).

En casos de diferentes tipos de cargas de los procesos productivos, la aplicación del Control "H" resultará en menores disminuciones pero, siempre importantes si los hacedores de soft y hard de los tableros de comando aplican los conocimientos con la tecnología adecuada.

CAPÍTULO 9
EL CONTROL VERTICAL O TRADICIONAL DE LAS CURVAS DE CARGAS FRENTE AL CONTROL "H"

Ya se dijo que la máxima disminución de la potencia registrada y su facturación puede alcanzar valores importantes, y tales valores están directamente en función del tipo de curvas de cargas de los procesos productivos, del conocimiento de las curvas de cargas en relación con los procesos productivos, del dominio del Control "H", y de la habilidad de los hacedores para aplicar la tecnología adecuada.

También se sabe que las superficies que encierran las diversas curvas de cargas representan las energías necesarias para desarrollar el movimiento de las máquinas eléctricas que contribuyen a la realización de los procesos productivos, desde el reposo hasta la velocidad de trabajo, y que los controles tradicionales sobre las curvas de cargas (control vertical y sin ordenamiento de la simultaneidad), modifican las formas de las curvas llevándolas a crestas más bajas y tiempos de arranques mayores, como muestra la figura 32.

Allí, en la figura 32 se tienen tres curvas de cargas correspondiente a un mismo proceso productivo, es decir, que al aplicar distintos sistemas tradicionales de arranque (control vertical) resultan formas diversas de curvas de cargas.

En este caso, la curva de carga original es producto del "Sistema de Arranque 1"; la curva intermedia más chata y más ancha es producto del

"Sistema de Arranque 2", y la curva inferior más baja y más ancha es el resultado del "Sistema de Arranque 3".

Todas descienden hasta el valor de la carga de trabajo, en este caso "In-corriente nominal" que es el nuevo parámetro que aparece y es el responsable, en muchos casos, de no tener curvas de cargas simétricas en los transitorios.

Lo más importante de la figura 32 es que al tenerse iguales valores de superficies encerradas bajo las diversas curvas de cargas, se tienen iguales valores de energías encerradas en un bloque de 15 minutos, resultando iguales valores de PP15'; lo mismo sucede con IP15'.

Por lo tanto, la aplicación del control vertical no tiene como objetivo disminuir la superficie encerrada (energía) bajo la curva de carga eléctrica, ni la disminución de la potencia promedio registrada ni su facturación, debido a que los "arrancadores y variadores electrónicos" tradicionales, solamente controlan el flujo de energía desde la red hasta las máquinas eléctricas para lograr una aceleración y desaceleración controlada, variación de velocidad, regulación de velocidad, inversión del sentido de giro, frenado o protección controlada.

Las técnicas tradicionales se realizan para evitar arranques directos de las máquinas eléctricas rotativas, los cuales producen inconvenientes que pueden ser perjudiciales en ciertas aplicaciones e incluso hasta incompatibles con el funcionamiento deseado de las máquinas, como ser:

- Muy altas corrientes de arranques que pueden alterar el funcionamiento de otras máquinas o aparatos.

- Sacudidas mecánicas en los arranques que son perjudiciales para las mismas máquinas, no ofreciendo seguridad a los operadores, y empeorando el confort del puesto de trabajo.

- Imposibilidad de controlar la aceleración y la desaceleración.

- Imposibilidad de variar y regular la velocidad.

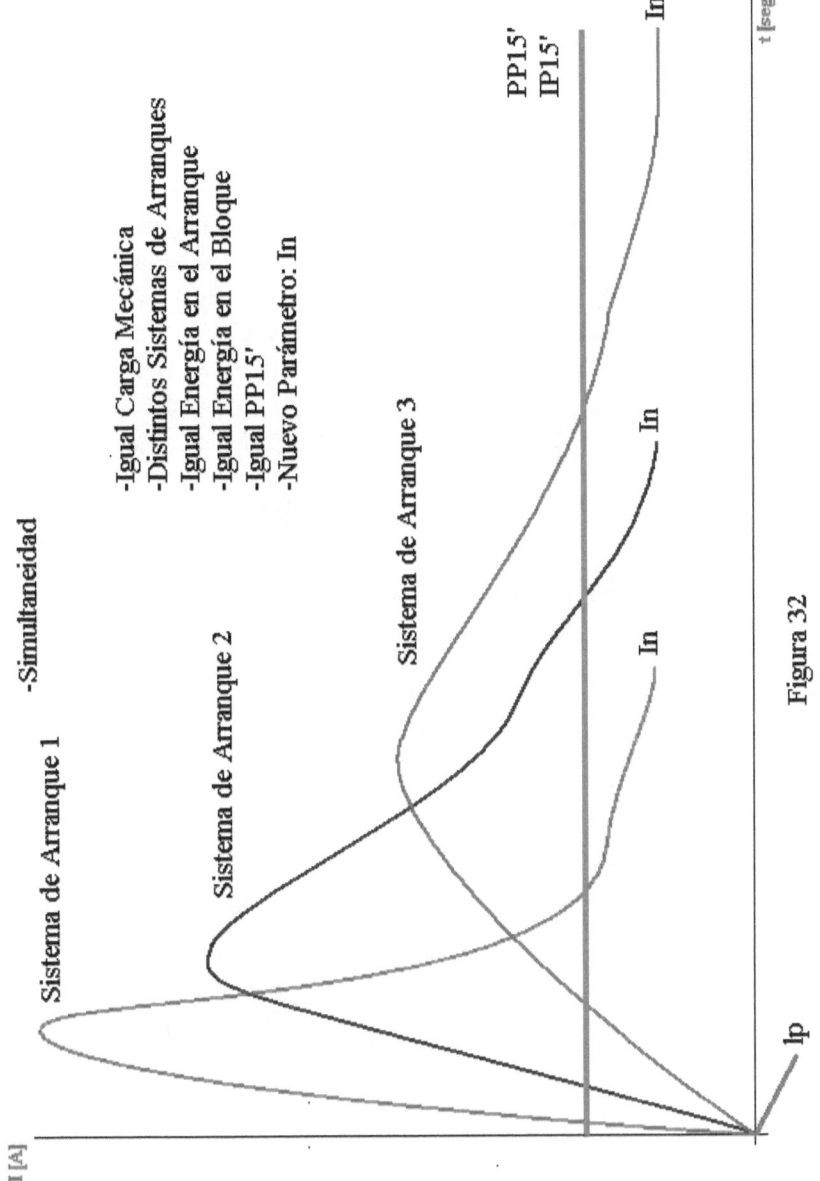

I [A]

Sistema de Arranque 1   -Simultaneidad

-Igual Carga Mecánica
-Distintos Sistemas de Arranques
-Igual Energía en el Arranque
-Igual Energía en el Bloque
-Igual PP15'
-Nuevo Parámetro: In

Sistema de Arranque 2

Sistema de Arranque 3

PP15'
IP15'

In

In

In

Ip

t [seg]

Figura 32

117

La facturación de la potencia eléctrica no tendrá variación alguna si no hay cambios en PP15' o lo que es lo mismo en IP15'.

En cambio si ahora se toma la curva de carga original, por ejemplo la más alta, y se aplica el Control "H", se logra una repartición de las superficies entre dos intervalos o bloques consecutivos, lo que lleva a que la superficie de arranque se divida en dos partes y por lo tanto, en cada ventana resultarán menores superficies encerradas o lo que es lo mismo menores valores de PP15' o IP15' y menor facturación del rubro (lo mismo vale para las otras variantes del transitorio).

Esto se puede apreciar en la figura 33.

En la figura 33, la línea de trazo grueso es la PP15' o IP15' encontrada en la figura 32, mientras que la línea llena es la PP15' o IP15' fruto de la aplicación del Control "H" y como se ve, es mucho menor. Finalmente, la facturación de la potencia será mucho menor.

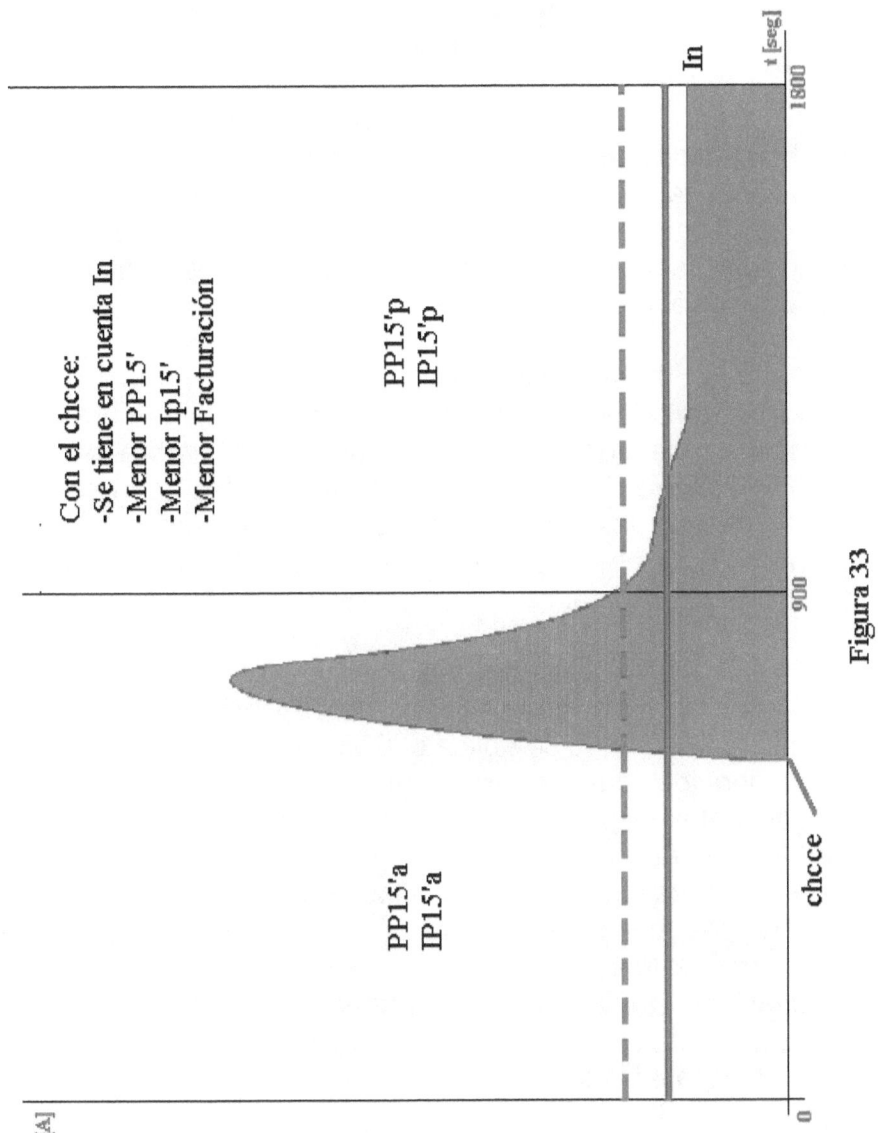

Con el chcce:
-Se tiene en cuenta In
-Menor PP15'
-Menor Ip15'
-Menor Facturación

PP15'p
IP15'p

PP15'a
IP15'a

In

chcce

I [A]

t [seg]

0

900

1800

Figura 33

CAPÍTULO 10
PARTICULARIDADES DE LOS MEDIDORES ELECTRÓNICOS

La implementación del Control "H" necesita de la "hora oficial" en el lugar de trabajo y deberá estar disponible tanto en los medidores/registradores como en los "Tchcce", tal como lo está para CAMMESA; condición esta para que se cumpla uno de los puntos para el dominio del Control "H".

La "hora oficial" también es necesaria para poner a punto los "Tchcce" de manera periódica, y así comandar los tiempos de lanzamiento (lp) sobre el "TCFM-Tablero de Comando de Fuerza Motriz", con el objeto de que los procesos transitorios comiencen en tiempos exactos con mira a disminuir la potencia promedio registrada.

Tener la misma hora, los mismos minutos y segundos, tanto en los registros de CAMMESA como en los puntos donde se aplica el Control "H", es tener la seguridad de que la precisión en los tiempos de lanzamiento (lp) será registrada exactamente por CAMMESA (la compañía que administra y factura los servicios a las distribuidoras y a los grandes usuarios) y como consecuencia, la certeza de que la repartición de las curvas de cargas entre dos intervalos consecutivos resultará en iguales potencias promedios tanto para el vendedor como para el comprador (por ejemplo: Distribuidora – Usuario).

La "hora oficial" se puede obtener desde el mismo medidor/registrador del demandante, puesto que éste debe cumplir con la condición de **coherencia**

en las mediciones y registraciones de la potencia eléctrica para facturación, es decir, estar programado para medir, calcular y registrar la potencia eléctrica, en Bloques Fijos de 15 minutos. La programación de los medidores/registradores en Bloque Deslizante no necesita de la "hora oficial".

Una alternativa para disponer de la "hora oficial" es bajarla vía satelital mediante GPS.

Entonces, si la "hora oficial" se relaciona con el Control "H" en los "Tchcce", y la "coherencia" se corresponde con los Bloques Fijos de 15 minutos programados en el medidor, se habrán conseguido los dos ingredientes importantes en el camino de disminuir la facturación de la potencia eléctrica.

LOS MEDIDORES ELECTRÓNICOS

Miden, Registran y Almacenan

Multitarifas

Control Horario

Potencia Promedio en Ventana o Bloque Fijo

Potencia Promedio en Ventana o Bloque Deslizante

Parámetros que interesan al Proveedor

Parámetros que interesan al Cliente/Usuario

Figura 34

122

Por otra parte, la programación de los medidores/registradores solo pueden efectuarla los Fabricantes, las Distribuidoras y CAMMESA, en laboratorios, por medio de un soft que se instala en PC o Notebook, lo cuales una vez programados, generan un archivo no-editable y no-modificable el cual es fiel reflejo de las particularidades y valores impuestos a los aparatos. Del mencionado archivo se puede generar un "Reporter de Diagnóstico" que se puede ver por pantalla y levantar in-situ (en el lugar mismo donde se encuentran instalados los aparatos); y además, imprimir posteriormente.

El "Reporter de Diagnóstico" es útil en cuanto permite conocer las restricciones y condiciones impuestas para los parámetros de medición/registración, en particular para la potencia eléctrica. Por ejemplo:

> La potencia eléctrica se medirá, calculará y registrará en Bloque Fijo si en las definiciones de la demanda se programan como:

- Intervalo de la Demanda =15 min.
- Sub-intervalo =15 min.

> En cambio la potencia eléctrica se medirá/calculará y registrará en Bloque Deslizante si en las definiciones de la demanda se programa como:

- Intervalo de la Demanda =15 min.
- Sub-intervalo = 1 min.

Ahora bien, para verificar que haya **coherencia en las mediciones y registraciones de la potencia eléctrica para facturación**, es decir, que el aparato medidor/registrador esté programado en Bloque Fijo, al igual que CAMMESA, se deberá solicitar el "Reporter de Diagnóstico" a la distribuidora, o al Regulador o a CAMMESA según quien facture la potencia eléctrica. Recordar que por "peaje" las distribuidoras también facturan potencia eléctrica.

En caso de que el aparato no esté programado en Bloque Fijo, el interesado deberá pedir el cambio y hasta podrá comprobarlo personalmente en Laboratorio que efectivamente se hizo el pasaje a Bloque Fijo. Este control se puede hacer mediante una verificación posterior sobre la pantalla o en la impresión del "Reporter de Diagnóstico".

Además del cambio, el interesado periódicamente deberá solicitar la verificación in-situ no solo el tipo de bloque sino además que se trate del mismo aparato, si es que no hubo notificación de algún cambio del medidor/registrador.

En algunos casos se obtiene de la verificación in-situ que el aparato medidor/registrador ya está programado en Bloque Fijo, por lo que restaría realizar un control futuro periódico del tipo de Bloque y que siempre se trate del mismo aparato.

CAPÍTULO 11
APROVECHAMIENTO DE LAS OPORTUNIDADES DE EFICIENCIA 2

En el camino de la detección de más **"oportunidades de alta eficiencia"** y de esta manera profundizar las aplicaciones del Control "H", en un próximo paso habría que ocuparse del análisis de los procesos productivos en cuanto a la posibilidad de adelantar o postergar el lanzamiento de los mismos sin que haya perturbación o modificación tanto del proceso que se relanza como de los procesos relacionados, sean de una misma rama o línea de producción, sean de distintas ramas, sean de distintas plantas de producción.

En caso de que no haya problema alguno con la modificación de los tiempos de lanzamiento (lp), cabe preguntarse si dichos tiempos pueden adelantarse o retrasarse 5', 10', 15', 30', 45' o más, para efectuar una reprogramación de los lanzamientos, tal cual sucede en muchos casos, cuando hay un corte de energía eléctrica o parada por mantenimiento y hay que reiniciar la producción. En la mayoría de los casos, y con una prestación del servicio de energía eléctrica con la calidad requerida por los procesos de producción, se tiene continuidad en la producción por todo un mes o dos meses o más meses (solo hay paradas por mantenimiento), por lo que una reprogramación de los lanzamientos no debería ser problema alguno.

En consecuencia, y en referencia a lo ejemplificado más arriba en este trabajo, se propone relanzar los procesos uno por cada intervalo, es decir:

- El pulso más breve al inicio del primer intervalo, o sea al inicio del intervalo entre 0' y 15' (figura 35).

- El pulso de mayor duración al inicio del segundo intervalo, es decir, entre los 15' y 30' (ver abscisa en figura 36).

- El pulso de larga duración al inicio del tercer intervalo, o sea, entre 30' y 45' (ver abscisa en figura 37).

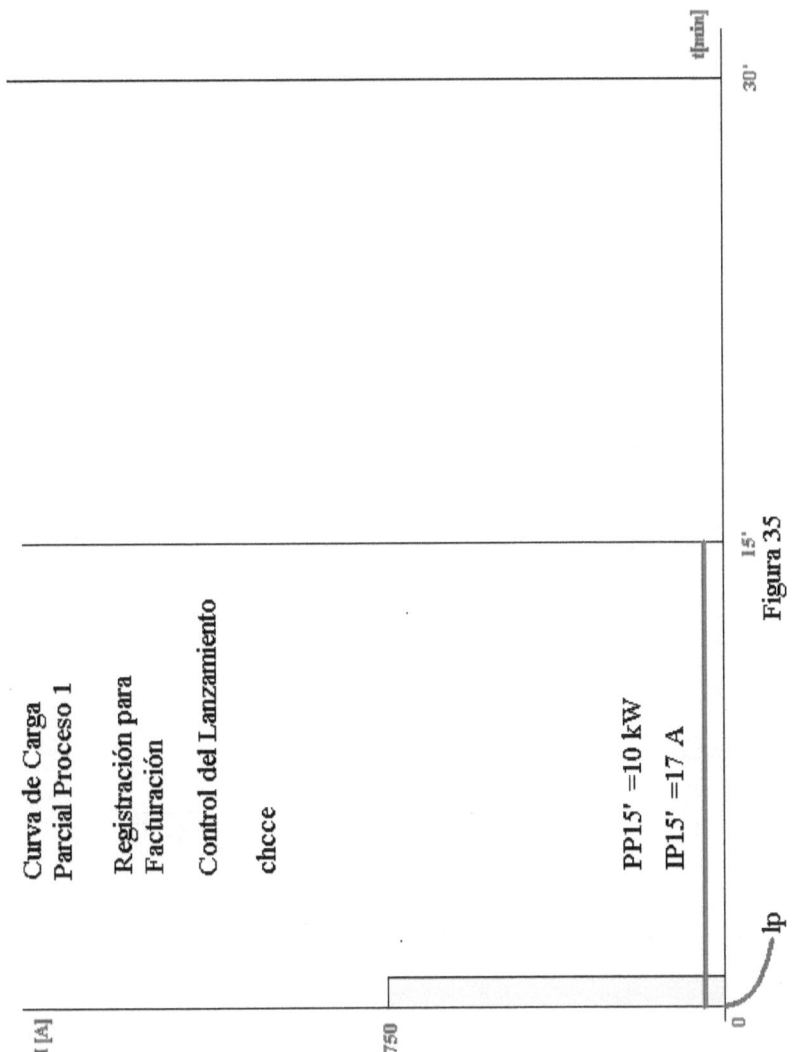

Curva de Carga
Parcial Proceso 1

Registración para
Facturación

Control del Lanzamiento

chcce

$PP15' = 10\ kW$

$IP15' = 17\ A$

Figura 35

127

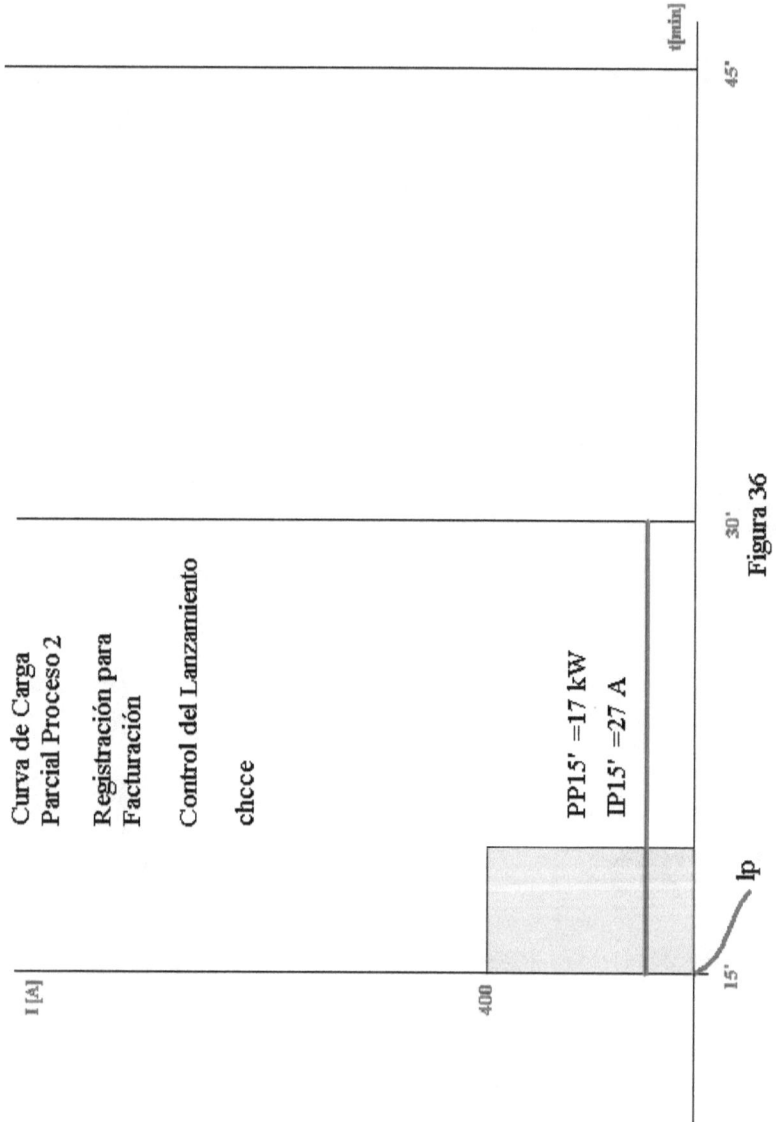

Figura 36

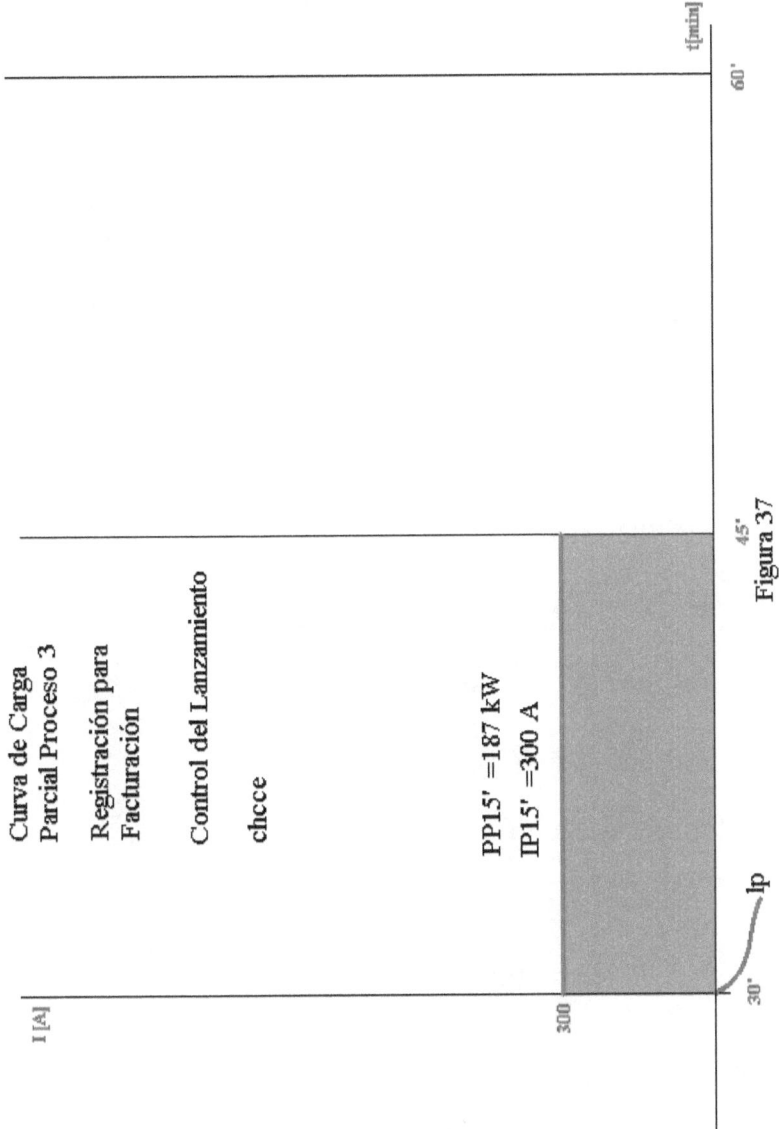

Curva de Carga
Parcial Proceso 3

Registración para
Facturación

Control del Lanzamiento

chcce

PP15' =187 kW
IP15' =300 A

Ip

Figura 37

I [A]

300

30'   45'   60'

t[min]

Una vista de conjunto de la reprogramación del lanzamiento de las cargas eléctricas se observa en la figura 38, que es la curva de carga total que ve el medidor bajo la suposición de que las curvas de cargas parciales son las que corresponden a los procesos productivos de las ramas 1, 2 y 3.

Aquí no hay composición de curvas para encontrar una curva integrada, porque todas están desfasadas, resultando los siguientes valores de potencia promedio de 15' e intensidad promedio de 15':

- Intervalo entre 0' y 15':

    o PP15' = 10 kW

    o IP15' = 17 A

- Intervalo entre 15' y 30':

    o PP15' = 17 kW

    o IP15' = 27 A

- Intervalo entre 30' y 45':

    o PP15' = 187 kW

    o IP15' = 300 A

Siendo los valores registrados en el mes y para facturación de la potencia eléctrica, los que corresponden al intervalo entre 30' y 45', es decir:

o   PP15' = 187 kW

o   IP15' = 300 A

Este resultado debe compararse con su similar obtenido con los lanzamientos representados en las figuras 18, 19 y 20:

- PP15'a = 214 [kW]

- IP15'a = 344 [A]

Observándose que el aprovechamiento de las nuevas **"oportunidades de alta eficiencia"** ha sido beneficioso por cuanto ha disminuido la potencia registrada y por lo tanto su facturación.

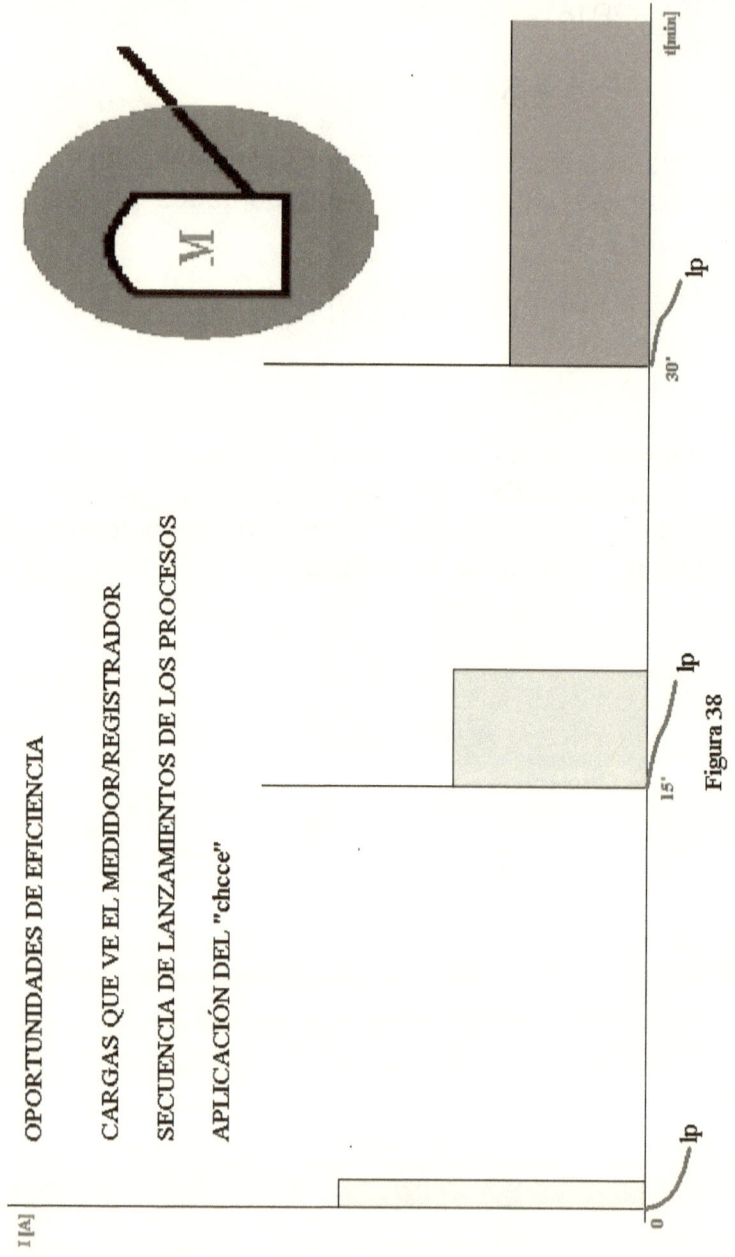

OPORTUNIDADES DE EFICIENCIA

CARGAS QUE VE EL MEDIDOR/REGISTRADOR

SECUENCIA DE LANZAMIENTOS DE LOS PROCESOS

APLICACIÓN DEL "chcce"

Figura 38

132

Pero, todavía quedan otras "oportunidades de eficiencia" que hay que considerar, sin descuidar el análisis de las consecuencias sobre los procesos productivos, y estas son las que se asimilan con los lanzamientos mostrados en las figuras 21, 22 y 23.

En este caso, la reprogramación de los tiempos de lanzamientos resulta en lo siguiente:

- El pulso estrecho se lanza centrado a los 15' (figura 39).

- El pulso más ancho se lanza centrado a los 30' (figura 40).

- El pulso de larga duración, centrado a los 45' (figura 41).

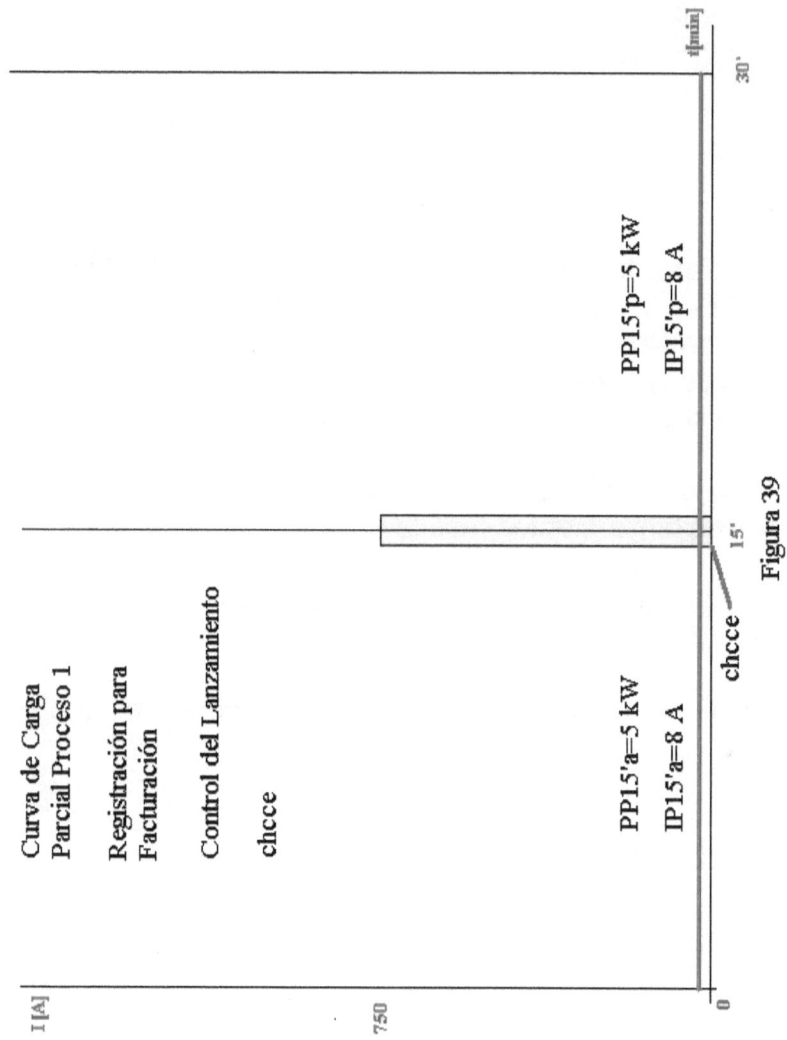

Figura 39

134

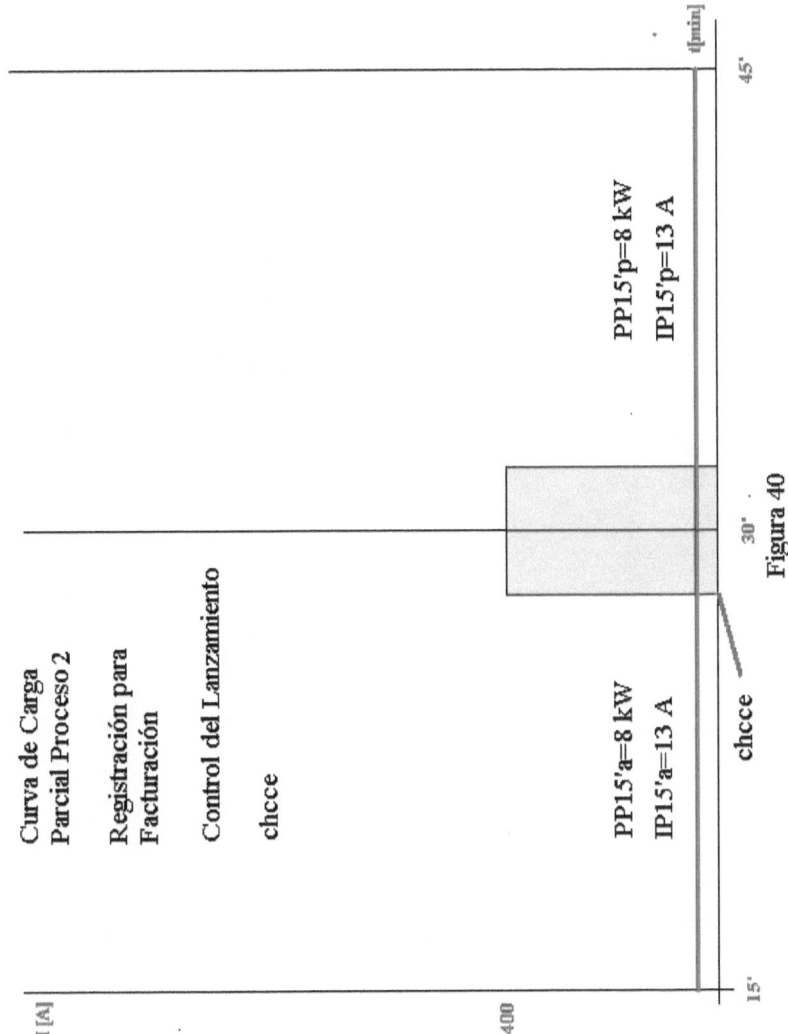

Figura 40

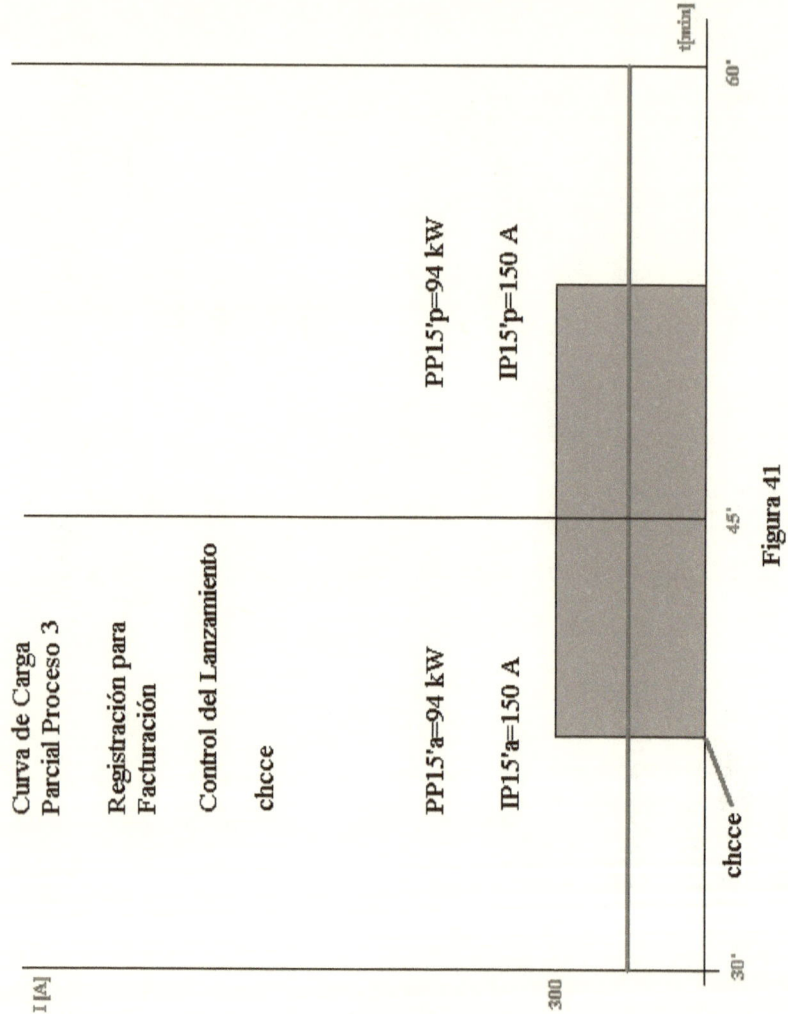

Figura 41

La vista de conjunto de la reprogramación del lanzamiento de las cargas eléctricas se observa en la figura 42, que es la curva de carga total que ve el Medidor bajo la suposición de que las curvas de cargas parciales son las que corresponden a los procesos productivos de las ramas 1, 2 y 3.

Este ejemplo gráfico es solo a los fines de mostrar una alternativa de relanzamiento de los procesos productivos.

Los valores de PP15' y IP15', se calculan teniendo en cuenta el aporte de cada carga en cada uno de los intervalos.

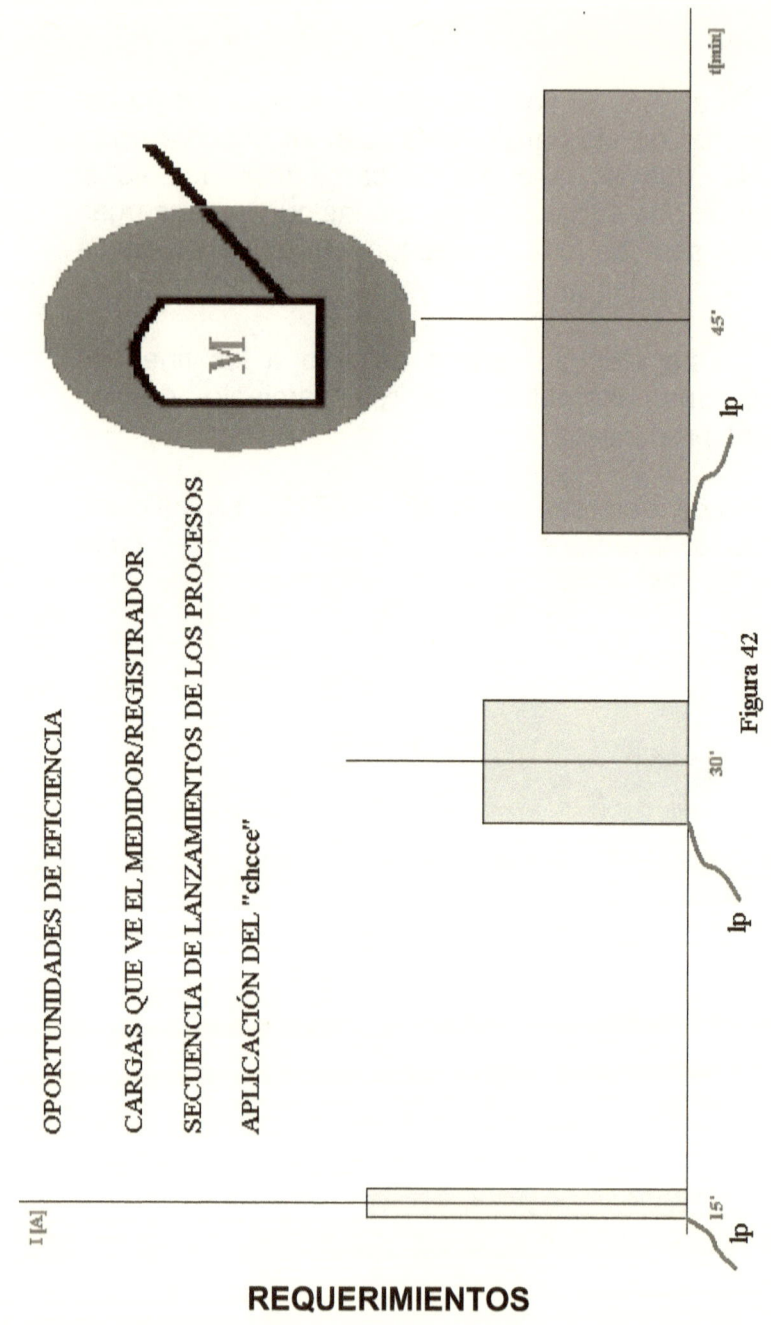

REQUERIMIENTOS

OPORTUNIDADES DE EFICIENCIA

CARGAS QUE VE EL MEDIDOR/REGISTRADOR

SECUENCIA DE LANZAMIENTOS DE LOS PROCESOS

APLICACIÓN DEL "chcce"

Figura 42

CAPÍTULO 12
REQUERIMIENTOS PARA CONSTRUIR
LOS "Tchcce"

1. En general, todo proceso de producción está comandado por un "Tablero de Fuerza Motriz y Comando" cuyas máquinas de potencia eléctrica se encienden directamente una vez que el personal responsable acciona los elementos correspondientes (llaves, pulsadores, etc.), los que pueden tener, o no, un retraso temporal (dependiente del proceso). Y en casi todos los casos, una vez accionados los elementos de comando, las máquinas eléctricas inician su marcha.

2. En particular, siempre y cuando los procesos productivos lo permitan, los "Tableros de Control" "Tchcce" se diseñarán para que éstos se interpongan entre los "Tableros de Fuerza Motriz y Comando" y las máquinas eléctricas. Los "Tchcce" funcionan controlando (temporalmente) el inicio de la marcha de las máquinas eléctricas.

3. El control temporal del inicio de las máquinas eléctricas podrá efectuarse por cada máquina, por grupos de máquinas, por proceso, entre líneas de procesos, entre plantas de producción, siempre que el abastecimiento de toda la instalación considerada derive de un solo medidor.

4. El control del tiempo de inicio deberá estar sincronizado con la "hora oficial", la cual deberá

estar disponible para sincronizar periódicamente los "Tchcce".

5. El control del tiempo de inicio podrá lanzar las máquinas con retrasos de minutos (desde 0 hasta 60 minutos), segundos (desde 0 hasta 60 segundos), y más si se necesitara.

6. El tiempo de inicio, una vez seleccionado deberá visualizarse en display y podrá ser variado en pleno funcionamiento de la producción.

7. El tiempo de inicio que se controla es el resultado del análisis de un monitoreo parcial e integral de las curvas de cargas de las máquinas eléctricas de potencia y a las cuales se aplicará el Control "H".

8. Las "**oportunidades de alta eficiencia**" son las que darán la factibilidad de la aplicación del Control "H".

9. Cada puesta en marcha de nuevos procesos productivos deberá ir acompañado de un monitoreo parcial e integral, de acuerdo a la necesidad de conocer las variaciones de las curvas de cargas a los fines de realizar los ajustes pertinentes sobre los "Tchcce".

10. La clave del Control "H" está: en el conocimiento de los procesos productivos, la detección de las "**oportunidades de alta eficiencia**", el monitoreo, el análisis de las curvas de cargas y su relación con los procesos, y el control periódico de las variaciones.

CAPÍTULO 13
LOS BENEFICIOS

Los beneficios económicos que obtendrían los Usuarios, como respuesta de la disminución en la facturación de la potencia eléctrica por la aplicación del Control "H", son importantes y más, si se consideran todos los años que dura una Concesión de Servicios Públicos.

Ejemplo 1: Sea una facturación mensual de la potencia eléctrica igual a $ 3000 antes de la aplicación del Control "H". Si la disminución lograda en la registración de la potencia promedio de 15' es del 10 %, resulta un beneficio anual igual a $ 3600 (12x300). Ahora bien, si se supone una Concesión de 30 años, el cálculo directo resulta en $ 108000.

Ejemplo 2: El beneficio anual que se obtiene de una facturación mensual de la potencia eléctrica igual a $ 20000 antes de la aplicación del Control "H", será igual a $ 24000 si la disminución lograda en la registración de la potencia promedio de 15', es del 10 %. Ahora, si se supone una Concesión de 30 años, el cálculo directo resulta en $ 720000.

Ejemplo 3: El beneficio anual que se obtiene de una facturación mensual de la potencia eléctrica igual a $ 72000 antes de la aplicación del Control "H", será igual a $ 86400 si la disminución lograda en la registración de la potencia promedio de 15', es del 10%. Ahora, si se supone una Concesión de 30 años, el cálculo directo resulta en $ 2592000.

CAPÍTULO 14
RECOPILACIÓN DE CONCEPTOS, EXPERIENCIA Y MERCADO

(Visto desde la Facturación de la Potencia Eléctrica)

Las plantas de producción o de servicios penden de un solo medidor/registrador de la demanda y consumo de electricidad y para demandas mayores a 10 kW, estos aparatos son electrónicos con opciones para registrar la demanda máxima.

Los rubros de una factura, entre otros, son:

FACTURA DEL SERVICIO DE ENERGÍA ELÉCTRICA

CARGO FIJO	$ 250
POTENCIA	$ 7.500
ENERGÍA	$ 1.250

Facturación de la potencia eléctrica en [$/mes] =

= Precio unitario de la potencia en [$/kW-mes] x Cantidad de potencia en [kW]

Facturación = Precio unitario x Cantidad

El factor:
Precio unitario de la potencia en [$/kW-mes]
Corresponde a tarifas.

El factor:
Cantidad de potencia en [kW]
Corresponde a medición/registración/potencia contratada.

El abastecimiento de energía eléctrica, de un cierto nivel de calidad tiene, entre otros, cortes de suministro los cuales paralizan la producción o servicios, además de los abastecimientos interrumpibles.
En otras palabras, los arranques de los procesos de producción son frecuentes.

Las plantas de producción o de servicios demoran, en poner en marcha sus procesos, un tiempo que va desde minutos hasta algunas horas. Sea que se trate de una o varias máquinas, de una línea de producción o de varias, o de una o varias plantas.
En las plantas de producción o de servicios, en general los procesos se inician con la puesta en marcha de las máquinas eléctricas a partir de la acción sobre llaves o interruptores o pulsadores de comando y, efectuadas por los operarios de una manera aleatoria en el tiempo.

En general, salvo exigencias de los procesos de producción o servicios, la puesta en marcha de las máquinas eléctricas no respetan tiempo alguno entre ellas, sea sobre una misma línea de producción, sobre distintas líneas o sobre diversas plantas.

Los aparatos electrónicos medidores/registradores no son iguales que otros instrumentos o aparatos para medir/registrar la compra venta de especies, es decir, los primeros tienen varias opciones no así, por ejemplo, las balanzas para pesar.

CAMMESA ha adoptado para medir, calcular, registrar y facturar la potencia eléctrica el método de Bloque Fijo (que es el sistema más claro y adecuado para las funciones de Administradora del Mercado), en períodos definidos de 15' y a partir de las 00 hs.
El otro, es el método de Bloque Deslizante.

Cada 15' fijos el medidor/registrador calcula la Potencia Promedio de 15' (PP15'), a partir de la energía eléctrica integrada en ese período.
La Máxima-PP15' de todos los 15' fijos del mes es la que se registra para la facturación del rubro potencia eléctrica.
A esta PP15' contribuyen los arranques de las máquinas.

El método de Bloque Fijo permite aprovechar las oportunidades de alta eficiencia ocultas en el desarrollo de los procesos productivos o de servicios.

No así el método de Bloque Deslizante, el cual registra siempre el máximo del valor de la potencia eléctrica y no permite aprovechar las oportunidades antes mencionadas.

En la entrada eléctrica de una Distribuidora de Jurisdicción Provincial (EE.TT. AT/MT de la Red de Transporte), hay instalados medidores/registradores de CAMMESA con la opción método de Bloque Fijo a los fines de la facturación por las compras que realizan las distribuidoras en el mercado.

De igual modo, en la entrada eléctrica de una Distribuidora de Jurisdicción Nacional (EE.TT. AT/MT de la Red de Transporte), hay instalados medidores/registradores de CAMMESA con la opción método de Bloque Fijo a los fines de la facturación por las compras.

Los Grandes Usuarios que compran energía en el mercado y pagan peajes a las distribuidoras, tienen instalados medidores/registradores por CAMMESA, es decir, en Bloque Fijo.
La opción método de Bloque Fijo implica igual opción para registrar la potencia máxima y hora que CAMMESA.

Ante el pedido de un Gran Usuario (Cautivo de una Distribuidora), ésta deberá corregir los medidores/registradores a Bloque Fijo, al igual que la opción utilizada por CAMMESA.

El fundamento de vender como se compra es decisivo, entre otros.

Esta condición, de que tanto la registración de la potencia máxima realizada por la distribuidora a un Usuario, como la que registra CAMMESA a la distribuidora, sean efectuadas por el mismo método, se denomina condición de "coherencia en las mediciones y registraciones de la potencia eléctrica para facturación".

Toda curva de carga eléctrica cuya gráfica se realiza como potencia en función del tiempo, encierra en su área una dimensión de energía.
En general, 15' es un tiempo suficiente para encerrar todos los tipos de curvas de cargas transitorias, producidas por arranques de máquinas eléctricas existentes en una planta de producción.

La energía encerrada en una curva de carga por arranque de una máquina eléctrica, contiene la cantidad de energía eléctrica necesaria para llevar a esa máquina desde el reposo hasta su velocidad de trabajo.

Una determinada carga mecánica, que define un tipo de arranque, también define la altura de la curva de carga y el tiempo de arranque.

Pero, aunque se utilicen diversos tipos de arranques (Control Vertical de las curvas de cargas), para una misma carga mecánica, la energía eléctrica encerrada en la curva de carga es la misma en todos los casos.

Los tiempos de arranque de las máquinas eléctricas de potencia van desde los segundos hasta varios minutos, lo suficiente como para permitir la aplicación del Control "H", con el objeto de aprovechar las oportunidades de alta eficiencia ocultas.

El Control "H" o control horizontal es toda aplicación técnica que se refiera al control del tiempo de lanzamiento de los procesos productivos que demandan potencia eléctrica, más precisamente, al control del lanzamiento de las curvas de cargas eléctricas con el objeto de disminuir la registración y la facturación del rubro potencia.

Bajo el método de Bloque Fijo y con la tecnología adecuada se controla el lanzamiento de una curva de carga eléctrica, buscando:

- equilibrar la superficie encerrada bajo la misma sobre dos intervalos consecutivos de 15 minutos,
- ó posponiendo el lanzamiento a otro período.

Con estos dos mecanismos, se elimina la aleatoriedad de la puesta en marcha de las máquinas eléctricas y se disminuye la PP15'.

Esto se realiza con el resto de las curvas de cargas elegidas para aprovechar las oportunidades de alta eficiencia.

Mediante el monitoreo se obtiene información sobre la composición de la curva de carga eléctrica que se mira desde la salida del medidor/registrador (curva de carga total de la planta de producción).
El monitoreo debe realizarse simultáneamente sobre la entrada de las máquinas eléctricas principales.

Como importante queda aclarar que una empresa industrial, en funcionamiento normal, produce una curva de carga compuesta por la demanda de potencia eléctrica de diversos aparatos, como estufas, acondicionadores de aire, hornos eléctricos, computadoras, lámparas de iluminación, bombas de agua, ventiladores y motores eléctricos de distintas potencias, propulsores de los procesos fabriles.

Las curvas de cargas -diarias- resultantes de la demanda industrial tienen zona de valle y zona de pico ó zonas de valle y zonas de pico. Y la registración de la PP15' se realiza por todos los 15' consecutivos de la curva de carga (en la registración por Bloques Fijos). Por supuesto que las registraciones de las zonas de pico, son las que definirán la PP15' máxima del mes y que será referencia para la facturación. Por lo que el análisis del Control "H" debe realizarse buscando que los efectos en las zonas pico de las curvas de cargas diarias, sea efectivo, es decir, tenga repercusión sobre la facturación.

Conclusión:

Detectadas las altas oportunidades de eficiencia y lograda la condición de coherencia en las mediciones y registraciones de la potencia eléctrica para facturación, queda elegir la Tecnología para diseñar y aplicar el Control "H" buscando repercusión en las zonas pico de las curvas de cargas diarias para disminuir la PP15' y la facturación de este rubro.

CAPÍTULO 15
CASO PRÁCTICO

La experiencia no es abundante pero sí es rica en los resultados. Se trata de una planta de producción de productos diversos, pero lo más importante, desde nuestro enfoque está en que la planta en cuestión es Gran Usuario con muchos procesos productivos, por lo que solo resta aplicar el Control "H".

La facturación total promedio de la planta, de los últimos 4 meses es aproximadamente de $ 125.000, cuyo importe promedio mensual del rubro potencia eléctrica es aproximadamente:

- $ 84.000

A los fines prácticos, se seleccionaron 3 máquinas eléctricas de entre decenas de motores de potencia, y por cada una se efectuaron dos arranques en condiciones de trabajo normal (carga mecánica normal).

Un arranque para registrar la situación inicial (forma de la curva de carga total y de las parciales, tiempos de lanzamiento y áreas de las curvas de carga total y de las parciales), y el segundo arranque para verificar los resultados de la aplicación del Control "H".

Se utilizaron analizadores de redes multi-parámetros del tipo power-logic a los fines de relevar el monitoreo simultáneo de la curva de carga total a la salida del medidor y las curvas de carga de las máquinas eléctricas situadas aguas abajo.

Los analizadores de redes se utilizaron bajo la opción del método de Bloque fijo.

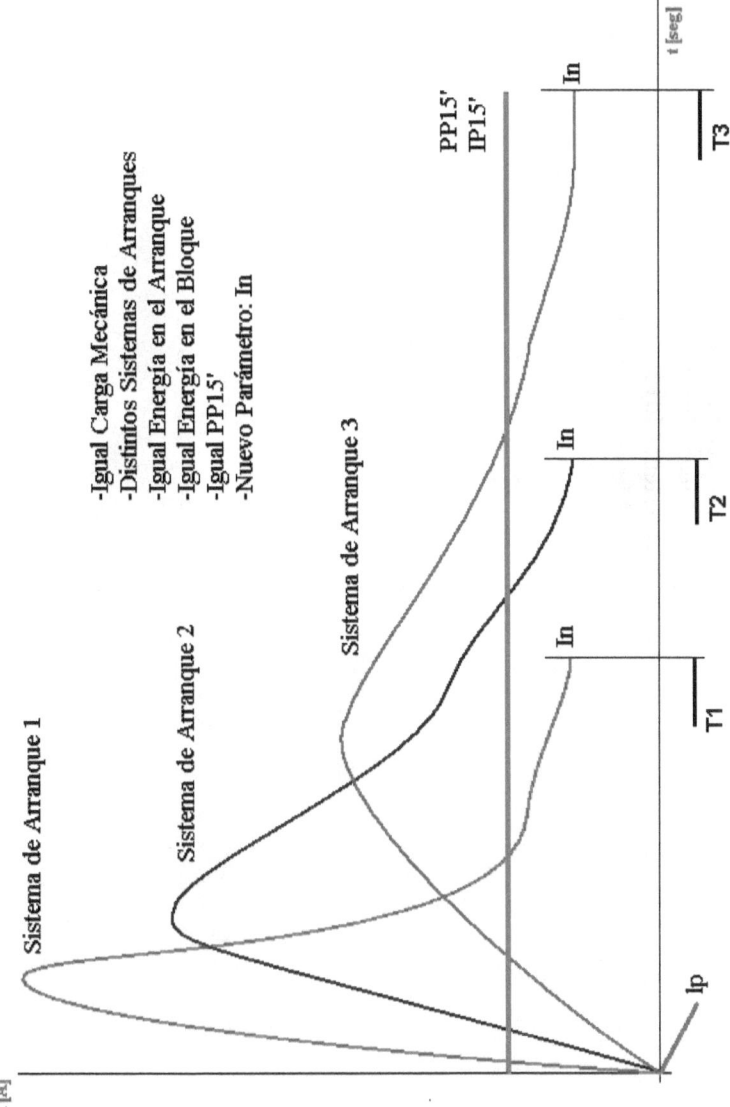

-Igual Carga Mecánica
-Distintos Sistemas de Arranques
-Igual Energía en el Arranque
-Igual Energía en el Bloque
-Igual PP15'
-Nuevo Parámetro: In

Sistema de Arranque 1

Sistema de Arranque 2

Sistema de Arranque 3

PP15'
IP15'

I [A]

t [seg]

In

In

In

T3

T2

T1

Ip

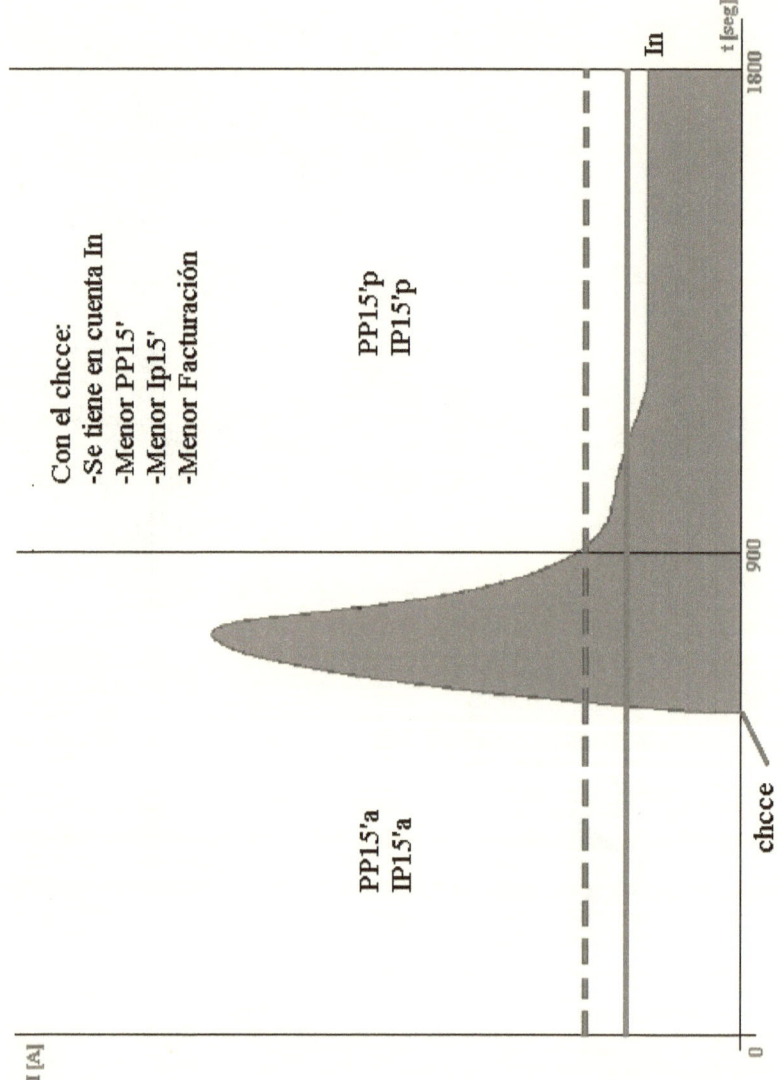

I [A]

Con el chcce:
-Se tiene en cuenta In
-Menor PP15'
-Menor Ip15'
-Menor Facturación

PP15'a
IP15'a

PP15'p
IP15'p

In

chcce

0   900   1800   t [seg]

Resultados de Estudios de Monitoreo

Límites para "chcce" y para PP15'

Los relanzamientos de las máquinas eléctricas de potencia, en general no requieren de la determinación de un tiempo exacto y sí, tienen un rango dentro del cual se permite el relanzamiento a los fines de la reducción de la facturación del rubro de la potencia eléctrica.

El límite de reducción de la PP15' está dado por la PP15' del trabajo permanente.

Máquina de Arranque Rápido

Datos del monitoreo inicial:

- 15 kWh - energía desarrollada en el arranque (curva de carga en el arranque)
- 45 seg - tiempo de arranque
- 2000 A - corriente máxima en arranque

- PP15'=59 kW (por arranque solamente)
- IP15'=94 A (por arranque solamente)

- 437 kW - trabajo permanente
- 700 A - trabajo permanente

Si: chcce=0 seg

- Ea=119 kWh
- PP15'a=474 kW

- IP15'a=759 A

- Ep=109 kWh
- PP15'p=437 kW
- IP15'p=700 A

Si: chcce=77 seg

- Ea=109 kWh
- PP15'a=437 kW
- IP15'a=700 A

- Ep=109 kWh
- PP15'p=437 kW
- IP15'p=700 A

Si: chcce=855 seg

- Ea=15 kWh
- PP15'a=59 kW
- IP15'a=94 A

- Ep=109 kWh
- PP15'p=437 kW
- IP15'p=700 A

Conclusiones:

- Si el "chcce" se produce entre 0 y 76 seg, el incremento de la PP15' es hasta un 8,5 %.

- Si el "chcce" se produce desde los 77 seg hasta los 855 seg, el beneficio sobre la PP15' es de 8,5 %.

Máquina de Arranque Suave 150 CV

Datos del monitoreo inicial:

- 17 kWh - energía desarrollada en el arranque (curva de carga en el arranque)
- 360 seg - tiempo de arranque
- 300 A - corriente máxima en arranque

- PP15'=70 kW (por arranque solamente)
- IP15'=112 A (por arranque solamente)

- 112 kW - trabajo permanente
- 180 A - trabajo permanente

Si: chcce=0 seg

- Ea=34 kWh
- PP15'a=137 kW
- IP15'a=220 A

- Ep=28 kWh
- PP15'p=112 kW
- IP15'p=180 A

Si: chcce= 200 seg

- Ea=28 kWh
- PP15'a=112 kW
- IP15'a=180 A

- Ep=28 kWh
- PP15'p=112 kW
- IP15'p=180 A

Si: chcce= 540 seg

- Ea=17 kWh
- PP15'a=70 kW
- IP15'a=112 A

- Ep=28 kWh
- PP15'p=112 kW
- IP15'p=180 A

Conclusiones:

- Si el "chcce" se produce entre 0 y 200 seg, el incremento de la PP15' es hasta un 22 %.

- Si el "chcce" se produce desde los 200 seg hasta los 540 seg, el beneficio sobre la PP15' es de 22 %.

Máquina de Arranque Suave 270 CV

Datos del monitoreo inicial:

- 32 kWh - energía desarrollada en el arranque (curva de carga en el arranque)
- 480 seg - tiempo de arranque
- 400 A - corriente máxima en arranque
-
- PP15'=128 kW (por arranque solamente)
- IP15'=204 A (por arranque solamente)

- 175 kW - trabajo permanente
- 280 A - trabajo permanente

Si: chcce=0 seg

- Ea=52 kWh
- PP15'a=209 kW
- IP15'a=335 A

- Ep=44 kWh
- PP15'p=175 kW
- IP15'p=280 A

Si: chcce= 175 seg

- Ea=44 kWh
- PP15'a=175 kW
- IP15'a=280 A

- Ep=44 kWh
- PP15'p=175 kW
- IP15'p=280 A

Si: chcce= 420 seg

- Ea=32 kWh
- PP15'a=128 kW
- IP15'a=204 A

- Ep=44 kWh
- PP15'p=175 kW
- IP15'p=280 A
-

Conclusiones:

- Si el "chcce" se produce entre 0 y 175 seg, el incremento de la PP15' es hasta un 20 %.

- Si el "chcce" se produce desde los 175 seg hasta los 420 seg, el beneficio sobre la PP15' es de 20 %.

Observación:

- En los casos vistos, como en la mayoría de los casos prácticos, los lanzamientos (chcce) que aprovechan las oportunidades de alta eficiencia se pueden realizar sobre un rango de tiempo, por lo que –al parecer- no es necesario reloj de precisión ni complicada referencia horaria.

Rango de Aplicación

A los fines de disminuir la facturación de la potencia eléctrica se busca, por cada una de las máquinas de potencia (o grupo de máquinas), un rango de tiempo en donde aplicar el Control "H"

La condición que debe cumplirse a estos efectos es:

$$PP15'a <= PP15'p$$

Es decir, que la potencia promedio de 15' en el período anterior (arranque), sea menor o igual a la potencia promedio de 15' en el período posterior (carga permanente)

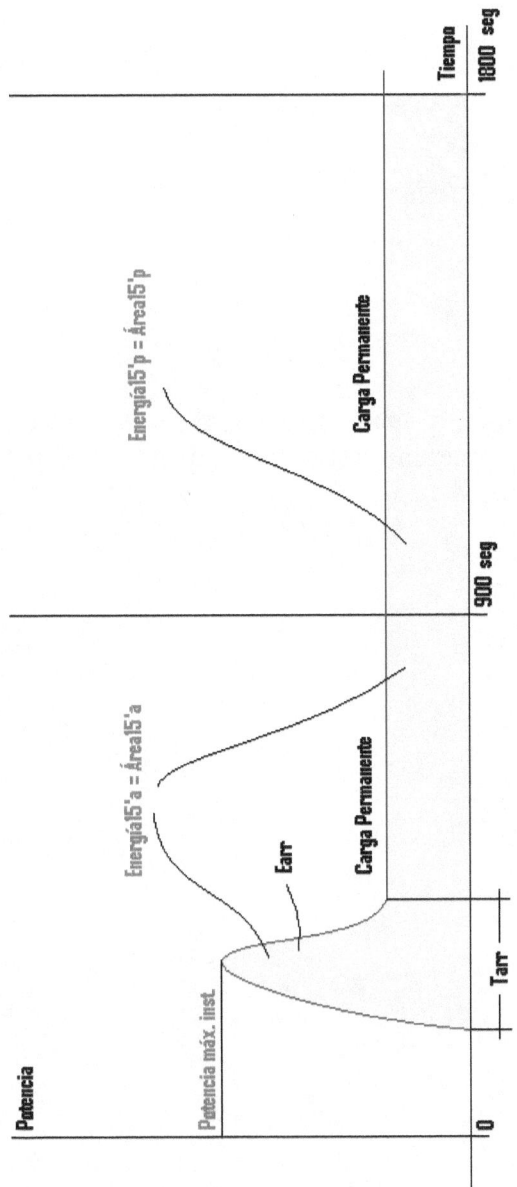

Si el lanzamiento de la máquina en análisis, se efectúa al inicio del período anterior, resulta que debido a la mayor área por el arranque, se tiene:

PP15'a > PP15'p

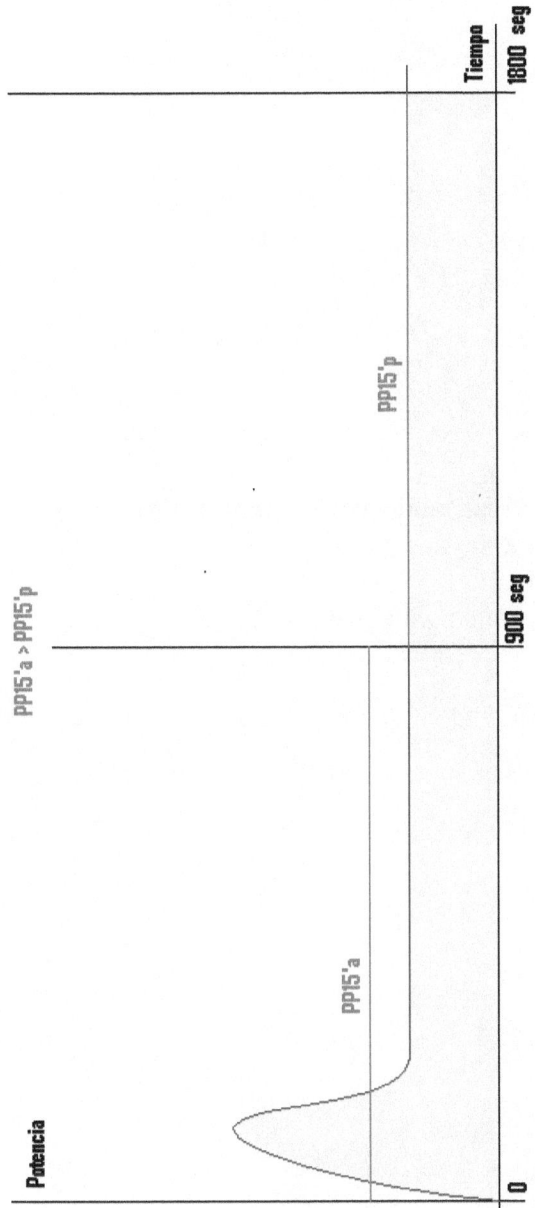

PP15'a > PP15'p

PP15'a

PP15'p

Potencia

Tiempo

0   900 seg   1800 seg

161

Luego, si vamos realizando corrimiento del arranque de la máquina, se llega a:

$PP15'a = PP15'p$

Punto muy importante para el Control "H".

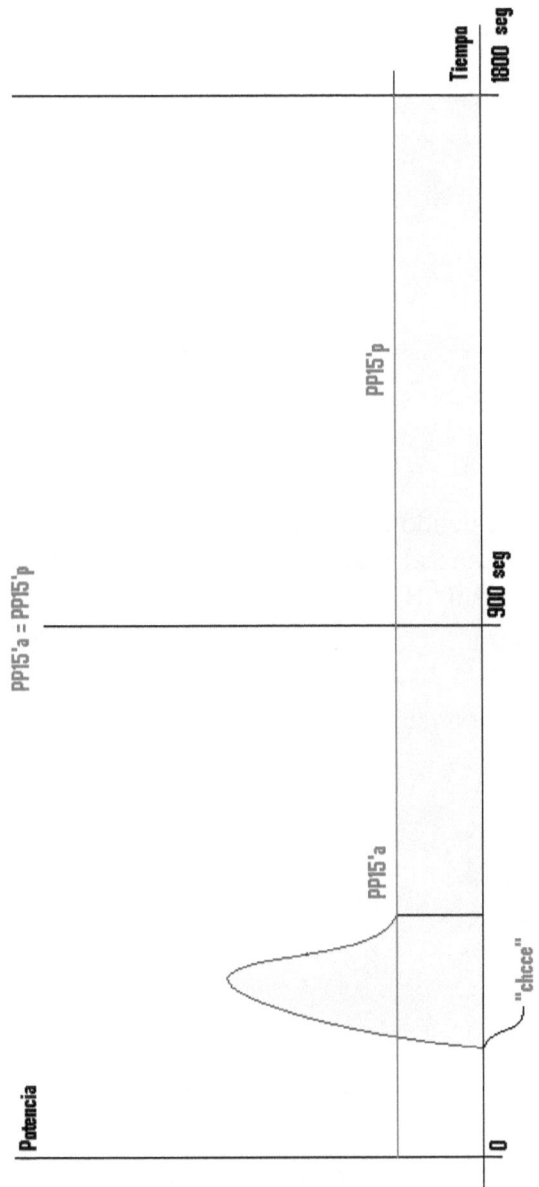

Posteriormente y siguiendo con el corrimiento, en el tiempo, del arranque, se obtiene el extremo derecho hasta dónde se puede aplicar el Control "H", resultando:

PP15'a << PP15'p

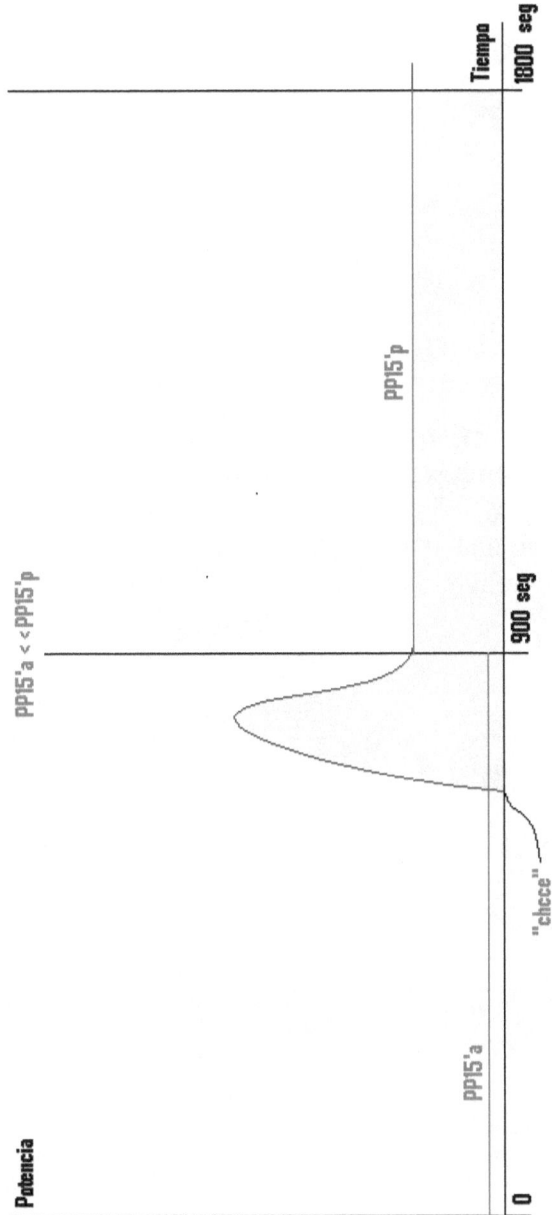

De esta manera, se define un rango de aplicación del Control "H", es decir, los tiempos posibles para lograr el objetivo:

PP15'a <= PP15'p

Por lo que, la máquina se puede lanzar "chcce" en cualquier tiempo dentro del rango.

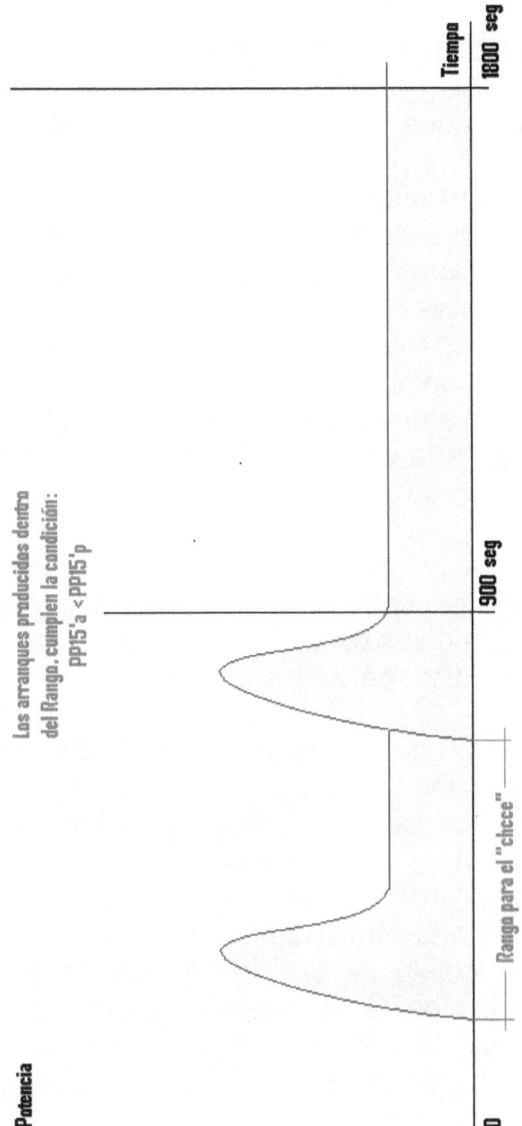

Los arranques producidos dentro del Rango, cumplen la condición:
$PP15'a < PP15'p$

Rango para el "choce"

Potencia

0   900 seg   1800 seg

Tiempo

CAPÍTULO 16
CONSIDERACIONES FINALES

Se ha visto que el logro de la **coherencia en las mediciones y registraciones de la potencia eléctrica para facturación** junto al aprovechamiento de las "**oportunidades de alta eficiencia**" mediante el **Control "H" de las curvas de cargas eléctricas** con efectos sobre las zonas pico, conducen directamente a la disminución del registro de la potencia promedio de 15 minutos y por lo tanto, su facturación. Por supuesto que un estudio de diagnóstico detecta, entre otros, las "**oportunidades de alta eficiencia**" y la factibilidad de aprovecharlas.

Lo importante del nuevo método práctico expuesto en donde el centro de atención es el Control "H", se centra en los bajos costos de mano de obra, de materiales y de estudios realizados por terceros.

Lo que sí exige el Control "H" es la actitud de la gerencia responsable del control de los gastos en insumos para los procesos productivos (como lo es la potencia eléctrica), en cuanto debe estar permanentemente no solo detectando las "**oportunidades de alta eficiencia**" y aprovechándolas al máximo con el objeto de que los gastos en esos insumos sean mínimos, sino además, ajustando el Control "H" mediante el monitoreo periódico y permanente, para lograr menores PP15' en las zonas de pico.

No hay contrariedad entre el Control "H" y el Control Vertical o tradicional, tampoco son complementarios, por ejemplo:

> Si primero se ha implementado el Control Vertical en el que normalmente se gasta grandes sumas de dinero, posteriormente se puede aplicar el Control "H" para aprovechar los márgenes entre las crestas de los transitorios y la carga de trabajo, para disminuir las PP15'.

> En cambio si primero se ha implementado el Control "H" a los fines de disminuir la facturación de la potencia eléctrica no exige para nada la necesidad de aplicar posteriormente el control tradicional.

El ordenamiento de la "simultaneidad" con vista a disminuir las PP15' es uno de los parámetros importantes que se integran al Control "H", y debido a que el enfoque tradicional no la ha tenido en cuenta, se puede decir que el Control "H" es uno de los motores más importantes en la búsqueda de las "**oportunidades de alta eficiencia**"; Siempre y cuando las relaciones entre los procesos productivos lo permitan.

En lo que respecta a las "**oportunidades de alta eficiencia**" que no pueden ser aprovechadas, éstas únicamente deberán justificarse con los impedimentos propios de los procesos productivos, como ser una secuencia ineludible de arranques de máquinas eléctricas, aunque en la mayoría de los casos se podrá tratar al grupo como si fuera una sola máquina.

Como complementos al Control "H" pueden realizarse "auditorías energéticas", principalmente las relacionadas con las energías térmicas desarrolladas en los procesos productivos y de servicios, con el objeto de aumentar los rendimientos de las etapas y disminuir al máximo las pérdidas.

Las auditorías energéticas tendientes a reducir el uso irracional de la energía eléctrica, seguramente llevará a obtener otros grandes beneficios económicos en la facturación de la misma.

RECOMENDACIONES

A aquellos interesados en reducir las PP15' en las zonas de pico y por supuesto la facturación de la potencia eléctrica se les sugiere realizar, entre otros, los siguientes pasos:

1. Informarse si los procesos de producción o servicios demandan una potencia eléctrica mayor a 10 kW. En demandas menores a 10 kW no se registran las potencias eléctricas, salvo excepciones dadas por las distribuidoras.

2. Reunir a los técnicos y profesionales de la organización, compenetrados con cada uno de los procesos de producción, a los fines motivarlos para la detección, análisis y aprovechamiento de las **"oportunidades de alta eficiencia"**, aplicando el Control "H".

3. Realizar talleres de aprendizaje y aplicaciones, en cada una de las plantas de producción, para analizar dónde es posible encontrar **"oportunidades de alta eficiencia"** y las posibilidades de aprovecharlas. Elaborar diagnóstico.

4. Aplicar el método a las instalaciones eléctricas que alimentan los procesos de producción desde un solo medidor de energía eléctrica. Y así de uno por vez.

5. Gestionar la "coherencia en las mediciones y registraciones de la potencia eléctrica para facturación".

6. Formar equipos de aplicación del Control "H" y del cual no se requiere dedicación permanente. La clave está en el dominio tanto de los procesos como del método para el Control "H".

7. Construir los Tchcce.

8. Evaluar periódicamente los resultados técnicos.

9. Evaluar periódicamente los resultados económicos.

ANEXO 1

¿QUÉ ES LA POTENCIA?

Para hablar de potencia eléctrica primero es necesario conocer los conceptos de la potencia mecánica.

En general, se sabe que el "trabajo" efectuado sobre un cuerpo es igual al producto de la magnitud de la fuerza por la magnitud del desplazamiento:

Trabajo: $W \text{ [Joule]} = F \cdot s$
Fuerza: $F \text{ [N]}$
Desplazamiento: $s \text{ [m]}$

También hay otras unidades que se utilizan.

Por ejemplo, si una máquina elevadora o un hombre levanta un "cuerpo pesado" hasta la altura de 2 metros, se realiza un trabajo (fuerza por desplazamiento) ya que se elevó el cuerpo o pesa desde el piso hasta los 2 metros venciéndose la resistencia opuesta por el peso del cuerpo. Y en el caso del hombre, se observa que la energía consumida para realizar el trabajo de elevación es tomada fisiológicamente desde su cuerpo mismo.

El "cuerpo pesado" una vez elevado hasta una determinada altura y mantenido en esa posición, no realiza trabajo alguno. Pero si el cuerpo adquirió o acumuló una "energía potencial", ahora sí es capaz de desarrollar un trabajo de descenso:

Energía potencial $E_p \text{ [Joule]} = F \cdot h$
Peso: $F \text{ [N]}$
altura: $h \text{ [m]}$

La energía potencial se define siempre y cuando se trate de fuerzas conservativas como la fuerza de un resorte o la fuerza de la gravedad. Y la energía puede ser transferida una y otra vez de cinética a potencial, pero el cambio total es nulo dado que la suma de ambas permanece constante. O sea, la energía no puede ser creada o destruida, se transforma:

Em = Ep + Ec
Em: Energía mecánica de un sistema
Ec: Energía cinética
Ep: Energía potencial

Luego, si se aplica una fuerza sobre un cuerpo y que produzca un movimiento (y por supuesto un desplazamiento), entonces se producirá un trabajo de las fuerzas actuantes sobre el cuerpo y como resultado, se modificará su energía cinética es decir, variará su velocidad:

Energía cinética: Ec [Joule] = ½ . m . v^2
Trabajo = Variación de la Energía Cinética: W = ΔEc

En el caso del cuerpo suspendido, si el cuerpo cae hasta el piso (desde la altura h), el peso desarrollará un trabajo igual al peso por la altura (el cuerpo sale desde el reposo hasta una cierta velocidad alcanzada cuando llega al piso). En este caso, el trabajo es igual a la variación de la energía cinética del cuerpo:

W = F . h
Ec = = ½ . m . v^2
W = ΔEc
F. h = ½ . m . v^2

Cuando se diseña un sistema mecánico ciertamente debe considerarse no solo cuánto trabajo se busca desarrollar sino además, a qué velocidad se efectuará el mismo. Por ejemplo, una máquina efectuará la misma cantidad de trabajo para levantar a un cuerpo de peso "F" dado, a una altura dada "h", si el hacerlo toma un tiempo de 1 segundo o de un 1 año.

Esto se puede ver como que "la razón o cociente" de los dos parámetros involucrados en el proceso (trabajo y tiempo de desarrollo), es muy diferente en los dos casos. Otra manera de ver la situación es diciendo que la "capacidad" para desarrollar el trabajo es muy distinta.

Así, se define la "Potencia Mecánica o Capacidad" como la razón o cociente entre el trabajo y el intervalo de tiempo empleado. Y en el ejemplo, la potencia o capacidad del sistema que desarrolla el trabajo en 1 segundo es mucho mayor que la potencia o capacidad del sistema que lo desarrolla en 1 año.

Esto se ve en otro ejemplo como el siguiente: si un auto traslada 4 personas a 1000 m de distancia y lo hace en un tiempo de 90 segundos, utilizó una potencia o capacidad de 120 HP (como lo hace un automóvil mediano); en cambio si al trabajo lo desarrolló en 200 segundos, utilizó una potencia de 40 HP (como lo efectúa un automóvil muy pequeño):

$P = W \text{ [Joule] } / T$

$W \text{ [Joule] } = P \cdot T$
Potencia: $P \text{ [HP]}$
Tiempo: $T \text{ [seg]}$

Se utilizan otras unidades de potencia como el Watt (vatio) en energía eléctrica. Y el trabajo también puede expresarse en unidades de potencia x tiempo, obteniéndose así, el kWh: kilo-vatio x hora, siendo esta la unidad que las Distribuidoras utilizan para contabilizar cuánto trabajo (en forma de energía eléctrica) se consume en un inmueble (residencial, comercial o industrial).

1 kWh es el trabajo realizado en 1 hora por un sistema que trabaja a una potencia o capacidad constante de 1 kW.

Por lo tanto, cuando uno contrata una cierta potencia a la Distribuidora de energía eléctrica, ésta pone a disposición una potencia o capacidad máxima en la forma de conductores de alimentación de cierta tensión eléctrica y sección en milímetros cuadrados. La sección de los conductores admite una cierta corriente eléctrica en Amperes limitada por calentamiento.

La potencia eléctrica de un sistema, además de determinarse como la razón o cociente entre la energía que entrega y el tiempo empleado en hacerlo, también se puede calcular la potencia o capacidad máxima disponible por la instalación de alimentación, multiplicando los valores eficaces de la tensión por la corriente admisible por los conductores:

P [Watt] = EE [kWh] / T [hs]
Energía Eléctrica: EE [kWh]
Tiempo: T [seg]

P [Watt] = U . I . cos (fi)
Tensión: U [V]
Corriente: I [A]
Desfasaje entre tensión y corriente: cos (fi)

De la misma forma, si se trata de la alimentación desde una red de agua potable o de gas, el diámetro de las cañerías son las indicadoras de la capacidad (potencia) puesta a disposición cuando se contrata el servicio.

Cuando se alquila un automóvil en una agencia, la tarifa dice un cierto valor fijo por día [$/día] (cargo fijo por capacidad puesta a disposición) y será mayor si el automóvil tiene mayor potencia (auto grande), y luego un cierto valor por cada kilómetro recorrido [$/km] (cargo por consumo). De aquí que cuando se alquila un automóvil se paga el cargo fijo aún cuando no se use el mismo (la potencia o capacidad está a disposición).

En el caso de la potencia eléctrica es lo mismo, la tarifa indica un cargo fijo por la capacidad o potencia puesta a disposición en [$/kW-mes] y un cargo por consumo en [$/kwh]. De igual manera, el cargo fijo se paga mensualmente aún sin que se consuma energía eléctrica.

Con el agua potable y el gas, ocurre lo mismo.

REFERENCIAS BÁSICAS

- Instrumentos regulatorios de los servicios de electricidad de la Nación (*).
- Instrumentos regulatorios de los servicios de electricidad de la Provincia de Salta (**).
- Instrumentos regulatorios de los servicios de electricidad de la Provincia de Tucumán (**).
- Investigación sobre la Registración y la Facturación de la Potencia Eléctrica. Revista CET N° 24 de la Facultad de Ciencias Exactas y Tecnologías de la Universidad Nacional de Tucumán.
- Memoria Técnica del Congreso Internacional ALTAE07-Alta Tensión y Aislamientos Eléctricos 2007 realizado en Cuernavaca-Morelos-México:

  - Registración y Facturación de la Potencia Eléctrica en Nodos de la Red de Potencia.
  - Registración de la Potencia Eléctrica. Una Nueva Propuesta para Mejorar la Eficiencia Energética.

- Información técnica sobre los medidores/registradores.
- Biblioteca técnica de Schneider Electric-España.
- Consultas a diversos Agentes del MEM.

(*) Marco Regulatorio, Contrato de Concesión, Resoluciones de la Secretaría de Energía de la Nación y del Ente Regulador Nacional y los Procedimientos de CAMMESA.

(**) Marco Regulatorio, Contrato de Concesión, Resoluciones de la Secretaría de Energía de la Nación y del Ente Regulador Nacional, y los Procedimientos de CAMMESA; Marco Regulatorio Provincial, Contrato de Concesión de la Distribuidora, Resoluciones del Ente Regulador Local.

SOBRE EL AUTOR

José Ramón Vilte Grande

- Ingeniero Electricista Industrial.
- Mede-Master Ejecutivo en Dirección de Empresas.
- Docente de la FACET - Universidad Nacional de Tucumán en las Materias: Administración de Servicios Industriales, Administración de la Producción, Costos de la Producción, Mercado Eléctrico, e Instalaciones Eléctricas; en las carreras de: Ingeniería electricista, Ingeniería electrónica, Ingeniería mecánica, Ingeniería civil, Ingeniería industrial, e Ingeniería azucarera.
- Especialista en regulación económica, tarifas y calidad de los servicios públicos.
- Proyectista y Director Técnico de obras de instalaciones eléctricas en inmuebles.
- Asesor en regulación, tarifas y calidad de servicios públicos del Defensor del Pueblo de la Provincia de Tucumán.
- Capacitado en EDF-Francia;
- Capacitado en ENEL-Italia;
- Capacitado en UADE-Argentina;
- Capacitado en UNAM-Mexico.
- Capacitado en la Secretaría de Energía de la Nación.
- Ex – Subgerente de EDET S.A..
- Ex – Asesor de la DEP-Tucumán.
- Ex – Gerente del ENRESP-Salta.
- Ex – Asesor del Presidente de la Comisión de Energía y Comunicaciones de la H. Legislatura de Tucumán.
- Ex – Proyectista Senior de Agua y –Energía Eléctrica.
- Ex – Docente de la Universidad Tecnológica Nacional.

www.ingramcontent.com/pod-product-compliance
Lightning Source LLC
Chambersburg PA
CBHW030634220526
45463CB00004B/1515